国家自然科学基金项目(51674188、51874229、51504182)
陕西省创新人才推进计划——青年科技新星项目(2018KJXX-083)
中国博士后科学基金资助项目(2015M582685)
陕西省自然科学基金项目(2015JQ5187)
陕西省教育厅基金项目(15JK1466)
陕西省引进高层次创新人才及陕西省"百人计划"启动基金项目

跨临界CO$_2$
循环系统的膨胀及功回收技术研究

张　波／著

U0323856

中国矿业大学出版社

内 容 简 介

跨临界 CO_2 循环系统以其独特的运行特性在对能源的高效利用和环境保护方面具有技术优势,成为热泵制冷等相关领域的研究热点。本书全面介绍了国内外及作者团队在跨临界 CO_2 循环系统特性及其膨胀和功回收设备方面的研究成果。对典型改进跨临界 CO_2 循环的 COP 和烟损失等方面进行了理论分析;围绕系统最优运行控制问题,研究了带膨胀机的典型 CO_2 循环在多种工况下 COP 对控制参数高压侧压力和级间压力的敏感性。针对自由活塞式膨胀机无转动机构的特点,首次提出滑杆式膨胀机吸、排气控制机构,解决了自由活塞式膨胀机进、排气控制这一技术难题。在样机开发过程中又提出浮动活塞结构,解决了因缸体间不同轴引起的活塞摩擦力增大甚至卡死的问题。建立了热力学和动力学数值模型,搭建了跨临界 CO_2 系统和空气实验台,对样机的工作特性进行了深入的研究。

本书通过理论分析、实验研究和数值模拟对跨临界 CO_2 循环系统的特性及其膨胀和功回收技术进行了阐述,以期为跨临界 CO_2 循环技术进一步发展提供一定的理论基础和实践指导。

图书在版编目(CIP)数据

跨临界 CO_2 循环系统的膨胀及功回收技术研究/张波
著.—徐州:中国矿业大学出版社,2018.9
ISBN 978 - 7 - 5646 - 4107 - 8

Ⅰ. ①跨… Ⅱ. ①张… Ⅲ. ①二氧化碳—循环系统—
动力工程 Ⅳ. ①TK

中国版本图书馆 CIP 数据核字(2018)第 227639 号

书　　名	跨临界 CO_2 循环系统的膨胀及功回收技术研究
著　者	张　波
责任编辑	王美柱
出版发行	中国矿业大学出版社有限责任公司
	(江苏省徐州市解放南路　邮编 221008)
营销热线	(0516)83885307　83884995
出版服务	(0516)83885767　83884920
网　　址	http://www.cumtp.com　E-mail:cumtpvip@cumtp.com
印　　刷	江苏淮阴新华印刷厂
开　　本	787×1092　1/16　印张 7.75　字数 208 千字
版次印次	2018 年 9 月第 1 版　2018 年 9 月第 1 次印刷
定　　价	30.00 元

(图书出现印装质量问题,本社负责调换)

前　言

在氟利昂工质替代研究中,CO_2以其优异的环保特性和良好的热物性受到广泛关注,但在普通制冷空调应用场合下必须采用的跨临界CO_2制冷循环由于巨大的节流损失导致其效率远低于传统氟利昂制冷系统,因此,国内外研究者提出了许多循环改进措施。其中,用高效CO_2膨胀机替代节流阀并回收膨胀功被认为是最有节能潜力的措施。本书通过数值模拟,比较了不同循环方式下的跨临界CO_2系统性能特性及其变化规律,分析了带膨胀机的跨临界CO_2循环中影响循环效率的主要参数及其作用规律,研制出新型的自由活塞式膨胀—压缩机,并对其热力过程和动力特性进行了深入理论分析和试验研究。全书共分为八章:

第1章主要介绍跨临界CO_2循环系统特性及其膨胀技术的研究进展。

第2章主要介绍跨临界CO_2循环系统特性的热力学研究,包括系统主要部件的损失、典型改善措施分析比较和带膨胀机的跨临界CO_2循环的特性研究。

第3章主要介绍跨临界CO_2自由活塞式膨胀—压缩机的研制,包括自由活塞式膨胀机研制中的关键技术问题分析和解决方案、单作用和双作用自由活塞式膨胀—压缩机的设计与运动规律分析。

第4章主要介绍双作用跨临界CO_2自由活塞式膨胀—压缩机工作特性的实验研究,包括膨胀机吸、排气控制原理的验证和膨胀机的工作频率、膨胀腔内压力变化等实验研究。

第5章主要介绍双作用跨临界CO_2自由活塞式膨胀—压缩机的热力学理论模型。应用变质量热力学、工程热力学、传热学及流体力学等理论,考虑泄漏、摩擦、传热和孔口流动阻力等因素的影响,建立了较为完善的热力学模型。

第6章主要介绍双作用跨临界CO_2自由活塞式膨胀—压缩机的动力学理论模型,研究了自由活塞的运动规律及其受力情况和控制滑杆的运动规律以及压缩机的阀片的运动规律,计算出膨胀—压缩机的效率及内部摩擦功耗和碰撞功耗。

第7章主要介绍双作用跨临界CO_2自由活塞式膨胀—压缩机的研究,包括跨临界CO_2系统实验台的工作原理及设备、双作用膨胀—压缩机样机的热动力模型验证和膨胀机性能的主要影响因素分析。

第8章主要介绍研究结果,包括跨临界CO_2循环的典型改善措施的最佳适用范围、带膨胀机典型循环的运行特性、自由活塞式膨胀—压缩机的关进技术及其工作特性等。

本书撰写过程中,参考了大量国内外的著作和科技文献等资料,在此谨向相关文献资料的作者表示衷心的感谢！感谢西安科技大学姬长发教授、刘浪副教授和张小艳副教授等长期对作者的帮助和指导。

本书虽然在跨临界 CO_2 循环系统的膨胀和功回收技术研究方面取得了一定的成果，但是仍有许多内容有待进一步深化、拓展和完善。由于笔者的水平所限，书中难免出现不妥之处，敬请各位专家和读者批评指正。

著　者

2018 年 4 月

目　　录

1　绪　　论

1.1　研　究　背　景

　　自 20 世纪 70 年代以来,随着经济和技术的快速发展,人们对生活质量的要求日益提高,制冷业在改善人们的居住环境和提高生活品质方面有其他行业所无法替代的地位。文献[1]列出的国际制冷学会提供的数据显示,全球有二百万人在从事制冷行业,年销售额估计在 2 000 亿美元左右,全球制冷设备的使用量巨大(表 1-1)。但是,制冷行业方便和改善人们生活的同时所带来的环境问题也日益加剧,由此引发的臭氧层破坏和全球变暖问题成为全球关注的热点。

表 1-1　　　　　　　　　　　　　全球制冷设备的使用量[1]

使用范围	运行中的设备和装置数量
家用制冷	$(700 \sim 1\,000) \times 10^6$ 台(1996 年)
商用制冷	
超级市场	117 000 台(估计)
冷凝机组	2 850 000 台(1999 年价格估计)
独立式展示柜	10 000 000 台(1998 年)
其他	13 250 000 台(全球冷库容量的 1/20)
农业-食品	
散装牛奶冷却器	5 000 000 台(1996 年)
工业制冷	
冷库	$300 \times 10^6 \, \mathrm{m}^3$(1997 年)
空调(风冷系统)	
房间空调器	79×10^6(1998 年)
无风道单元式及分体式空调器	89×10^6(1998 年)
有风道分体式系统	55×10^6(1998 年)
商用单元式空调系统	16×10^6(1998 年)
空调(冷水机组)	856 000 台(1998 年)
冷藏运输	
海运集装箱	410 000 个(1997 年估价估计)
冷藏船	1 088 艘(1998 年)

使用范围	运行中的设备和装置数量
冷藏运输	
冷藏铁路车厢	80 000 个(1998 年)
公路运输	1 000 000 台(1998 年)
商船队	30 000 艘(2000 年)
公交车与大客车	320 000 个(1998 年)
汽车空调	
小轿车和商用车辆	380×10^6(1999 年)
热泵	
家用热泵	110×10^6(2001 年)
商用及公用热泵	15106(2001 年)
工业热泵	30 000(2001 年)

1.1.1　臭氧层的破坏[2-6]

众所周知,大气臭氧层是地球的一道天然屏障,它能够吸收太阳光中波长为 $300\ \mu m$ 以下的紫外线,使地球上的人类和动植物免受紫外线的伤害。根据联合国环境规划署(UN-EP)提供的资料,臭氧层每减少 1%,对动物有伤害的紫外线辐射量会增加 2%。因此,臭氧层的破坏,对人类身体健康与生物的生长会产生非常严重的后果。

1974 年,美国加利福尼亚大学的 Rowland 教授和 Molina 博士在发表的论文中首次指出,排放出的 CFCs 和 HCFCs 类物质具有非常稳定的化学性质,会长时间滞留在大气中,当到达大气平流层时,在太阳紫外线的照射下,游离出的氯原子会与臭氧分子发生连锁反应,分解臭氧分子。一个 CFC 分子游离出的氯原子,可以分解 10 万个臭氧分子,从而造成臭氧层的严重破坏。1985 年,科学家首次发现了南极上空的臭氧层空洞,证实了 Rowland 教授和 Molina 博士的预言。由此引发了人们对由于人造化合物中氯和溴元素引起的臭氧层变薄的关注。

经过商讨,国际上于 1985 年缔结了《保护臭氧层维也纳公约》,1987 年缔结了《关于消耗臭氧层物质的蒙特利尔议定书》,限制生产和销售消耗臭氧层物质,如 R12 等 CFCs 类物质,开始了全球合作保护地球臭氧层的行动。1990 年缔约国通过了《伦敦修正案》,规定了逐步削减和禁用 CFCs 类和哈龙类物质的要求和时间表,但对 HCFCs 类物质没有提出相应的限制要求。因此,缔约国于 1993 年又通过了《哥本哈根修正案》将 HCFCs 类物质纳入受控物质名单,并规定了相应的逐步削减与禁用时间表。规定以 1989 年 CFCs 消耗量的 3.1% 加上 1989 年 HCFCs 消费量(以 ODP 加权计算)作为"基准",在此"基准"上,所有国家的 HCFCs 类物质生产量,于 1996 年 1 月 1 日起冻结,并于 2004 年 1 月 1 日消减 35%,2010 年 1 月 1 日消减 65%,2020 年 1 月 1 日消减 99.5%(0.5% 仅用于现有设备的维修),到 2030 年全面停用。1997 年通过的《蒙特利尔议定书》进一步将发达国家原定的 HCFCs 类物质最后禁用时间从 2030 年提前到 2020 年,并把"基准"从原来 1989 年 CFCs 消费量的 3.1% 改为 2.8%。对发展中国家,规定 2016 年 1 月 1 日冻结在 2015 年的消费水平上,并于 2030 年 1 月 1 日起禁止生产和使用。1999 年的《北京修正案》决定发达国家于 2004 年将其

HCFCs 类物质生产冻结在其 1989 年生产和消费的水平上,并在其后可以生产不超过其冻结水平的 15% 来满足其国内基本需要,发展中国家于 2016 年将其 HCFCs 类物质生产冻结在其 2015 年生产和消费水平上,并在其后可以生产不超过其冻结水平的 15% 来满足国内基本需要[2]。

为了保护臭氧层,我国于 1991 年 6 月加入了《议定书》,并根据规定从 1999 年开始逐步消减并最终停止消耗臭氧层物质的生产和使用。因此,1999 年,国务院批准了《中国消耗臭氧层物质逐步淘汰国家方案(修正案)》,规定了相关行业消耗臭氧层物质的淘汰计划和淘汰目标。为了保证在规定期限内实现 CFCs 物质的淘汰,2004 年国家环境保护总局颁布了《关于禁止生产、销售以全氯氟烃为制冷剂的工商制冷用压缩机及其相关产品的公告》,规定自 2005 年 1 月 1 日起,任何企业不得生产,7 月 1 日起不得销售,以 CFCs 物质为制冷剂的工商制冷用压缩机及其相关产品。

1.1.2 全球变暖[7-14]

自 19 世纪工业革命以来,随着人类活动的加剧,排放的温室气体与日俱增,其中 CO_2 增加了约 30%, N_2O 增加了 13%, CH_4 和 CFCs 也显著增加,导致全球气候逐渐变暖。数百位科学家组成的"政府间气候变化委员会"(IPCC) 2001 年公布的具有权威性的全球气候变化评估显示:全球表面温度自 1861 年起开始上升,在 20 世纪已增加 0.6 ± 0.2 ℃;20 世纪 50 年代后期以来,近地球 8 km 内大气温度,每 10 年增加 0.1 ℃;雪盖范围自 20 世纪 60 年代后期以来可能减少了 10%;北半球中、高纬度地区每年的河、湖冰盖期大约减少 2 周,北极地山区冰川出现大范围退缩现象;全球平均海平面上升了 $0.1 \sim 0.2$ m。此外,IPCC 对 $1990 \sim 2100$ 年全球气候变化的预测也是不容乐观。全球变暖会使地球降水量重新分配,冰川和冻土消融,海平面上升,危害自然生态系统的平衡,从而威胁人类的食物供应和居住环境。因此,全球变暖是继臭氧层破坏之后,世界各国关注的另一个主要环境问题。

为了人类免受气候变暖的威胁,1997 年 12 月《联合国气候变化框架公约》第 3 次缔约方大会在日本京都召开。149 个国家和地区的代表通过了旨在限制发达国家温室气体排放量以抑制全球变暖的《京都议定书》。常规制冷剂氯氟烃(CFCs),氢氯氟烃(HCFCs)和一度认为是最理想的替代工质氢氟烃(HFCs)均被认为会产生温室气体而被列为受控物质。我国也于 1985 年签署了该协议。

制冷剂通过温室效应使全球气候变暖,为了衡量其对全球气候变暖的影响,通常用全球变暖潜能值 GWP(Global Warming Potential)表示,以 CO_2 的值为基准,规定为 1。表 1-2 列出了一些典型的制冷剂对环境的影响。

表 1-2 　　　　　　　　　　　制冷剂对环境的影响[13]

制冷剂		ODP	GWP(100 年)
CFCs	CFC-11	1	4 000
	CFC-12	1	8 500
HCFCs	HCFC-22	0.055	1 700
	HCFC-141b	0.11	630
	HCFC-142b	0.065	2 000

	制冷剂	ODP	GWP(100 年)
HFCs	HFC-134a	0	1 300
	R-407C (HFC-32/125/134a)	0	1 600
	R-410A (HFC-32/125)	0	2 200
自然工质	Carbon dioxide (R-744)	0	1
	Ammonia (R-717)	0	0
	Isobutane (HC-600a)	0	3
	Propane (HC-290)	0	3
	Cyclopentane	0	3

制冷系统采用一种制冷剂运行时,需要消耗能源,并且据文献[14]和[1]所述,制冷、空调和热泵这些设备所消耗的能源在总的能源消耗中占有相当大的比例。多数情况下,这些能源来自于电力或化工燃料的直接消耗。煤、石油和天然气燃烧产生电力时都会产生 CO_2,CO_2 是温室气体,从而间接造成温室效应。因此,对于制冷系统来说,应该考虑总的温室效应,即制冷剂排放的直接温室效应 DGWP(Direct Global Warming Potential)和能源消耗产生 CO_2 引起的间接温室效应 IDGWP(Indirect Global Warming Potential),这就是总当量温室效应 TEWI(Total Equivalent Warming Impact)。

对于具体的制冷系统,制冷工质的总当量温室效应应为[12]:

$$TEWI = 直接排出CO_2 相当量 + 间接排出CO_2 相当量 \qquad (1-1)$$

$$直接排出CO_2 相当量 = (GWP)LN + (GWP)M(1-\alpha) \qquad (1-2)$$

$$间接排出CO_2 相当量 = NE\beta \qquad (1-3)$$

式中　GWP ——1 kg 制冷工质 100 年期间的全球变暖潜能,kg CO_2/kg;

　　　L ——制冷系统制冷工质的年泄漏量,kg/a;

　　　N ——制冷系统的运行年数;

　　　M ——制冷系统中制冷剂的充注量,kg;

　　　α ——制冷系统废弃时制冷剂的回收率;

　　　E ——制冷系统年均消耗功率,(kW·h)/a;

　　　β ——1 kW·h 的发电量对应的 CO_2 排放量,kg CO_2/(kW·h)。

制冷系统不同,总的温室效应中直接温室效应(DGWP)和间接温室效应(IDGWP)的所占比例也不一样。表 1-3 列出了典型的制冷系统的 DGWP 和 IDGWP 的百分比。从表 1-3 可以看出,制冷系统中间接温室效应(IDGWP)要比直接温室效应(DGWP)大得多。因此,在进行工质替代时不但要考虑直接温室效应(DGWP),还要尽量提高系统效率,降低能耗,以减小间接温室效应(IDGWP)。

表 1-3　　　　　　　　　　**不同制冷设备中 DGWP 和 IDGWP 的百分比**[13]　　　　　　　　　%

制冷设备	冰箱	汽车空调	商业制冷	单元式空调	冷水机组
DGWP	4	30	44	4	1
IDGWP	96	70	56	96	99

1.2 自然工质 CO_2

由于制冷行业广泛采用的 CFCs 和 HCFCs 对臭氧层有破坏作用以及会产生温室效应，为了适应《蒙特利尔协定书》和《京都议定书》的要求，CFCs 和 HCFCs 的替代已经成为当前国际上广泛关注的问题。在寻找合适制冷剂时，应该考虑以下几点因素：(1) 与环境的相容性；(2) 替代物系统的效率；(3) 与现有制造设备材料和润滑油的相容性；(4) 成本问题。

在过去的十多年中，为寻找合适的替代工质，制冷行业已经作了积极的响应，在全球范围内进行了广泛的研究，研制出许多新的制冷工质。人工合成的制冷工质虽然开始对环境没有影响，但是随着在制冷行业中广泛的使用，每年将会有上百万吨的人工合成的制冷剂泄漏到大气中，对环境可能产生不可预知的影响。因此，从环境的长期安全性来看，欧洲的一些发达国家主张尽量避免使用人工合成的制冷工质，而采用自然界本来就存在的工质作为制冷剂，如水、CO_2、NH_3、碳氢化合物（HCs）、空气及惰性气体等。每种工质都有着自己最为适合的应用领域，在低温领域一般采用氨和空气作为工质，高温热泵的最理想的替代工质则是水，对于人们最为熟悉的常规制冷领域（温度范围在 $-40 \sim 10\ ℃$），合适的自然工质有氨、丙烷和 CO_2。而 CO_2 以其优良的安全性和热物性成为最有希望的替代工质[15]。

1.2.1 CO_2 制冷剂的历史与复兴

CO_2 作为制冷剂对人们并不陌生，早在 100 多年前，人们就开始在制冷装置中使用，由于 CO_2 无毒且不可燃，在民用和船用制冷上有着巨大的优势，20 世纪 30 年代时被广泛使用，成为当时最重要的制冷工质。

1834 年，Jacob Perkins[15] 首次提出蒸气压缩制冷循环以来，人们就开始开发不同种类的制冷剂。1866 年，美国人 Thaddeus S. C. Lowe[16] 将 CO_2 成功用于制冰系统，开发出世界上第一台 CO_2 制冰机，揭开了人们使用 CO_2 作为制冷剂的时代。1886 年德国人 Windhausen[17] 设计出 CO_2 压缩机，并获得了英国专利，该专利被英国的 J&E Hall 公司收购，将其改进后于 1890 年开始投入生产，并用于船舶制冷机中取代了原先使用的空气压缩机。1897 年，Kroeschell Bros 锅炉公司[16] 在美国芝加哥成立了分公司，称为 Kroeschell Bros 制冰机械公司，开始批量生产 CO_2 制冷设备，开始广泛应用 CO_2 制冷剂。

CO_2 用于空调制冷系统出现在 19 世纪末，当时 CO_2 并不是唯一被使用的制冷剂，氨和二氧化硫的使用也较为普遍，但是由于其毒性或可燃性，通常被用于工业制冷中，因此，在食品工业和民用的空调制冷领域，CO_2 制冷装置占据了主导地位。

CO_2 制冷剂曾经达到很辉煌的程度。据统计，1930 年时，全世界有 80% 的船舶采用 CO_2 制冷机，但是当时由于技术水平低，CO_2 循环属于亚临界循环，效率比较低[17]，因此，20 世纪 30 年代，由于碳氟化合物的出现，CO_2 制冷迅速被淘汰。

20 世纪末，由于人们发现 CFCs 和 HCFCs 对环境的危害，并且研制出的许多新型的制冷剂都不太符合环保的最终要求，因此，将目光放在了本身就存在于自然界中的工质范畴。前国际制冷学会主席，挪威 NTH 大学的 G. Lorentzen 教授[18] 认为，采用自然工质是解决 CFCs 和 HCFCs 对环境影响的最终解决方案。

作为一种已经被使用过并已经证明对环境无害的制冷工质，CO_2 重新引起了人们的重视。G. Lorentzen 教授在文献[15]和[19]中特别提出，CO_2 具有许多优良的特性，是一种接近理想的自然工质，认为 CO_2 工质是彻底解决环境问题的关键。

1.2.2 CO_2 制冷剂的优势[15,17-24]

CO_2 是少数几种无毒，无可燃性的工质之一。自 G. Lorentzen 教授倡导重新使用 CO_2 工质进行制冷后，许多学者对其进行了深入的研究，发现在制冷空调领域中，CO_2 具有独特的优势，表 1-4 列出了几种典型的制冷剂的性能，通过比较可归纳 CO_2 的优点如下：

表 1-4 　　　　　　　　　　　　制冷剂性质[15,19,20]

制冷剂	CFC-12	HCFC-22	HFC-134a	NH_3 R717	C_3H_8 R290	CO_2 R744
自然工质	否	否	否	是	是	是
ODP	1.0	0.05	0	0	0	0
GWP(100 年)	7100	1500	1200	0	0	1.0
GWP(20 年)	7100	4100	0	0	0	1.0
可燃或爆炸	否	否	否	是	是	否
空气中可燃极限/%	—	—	—	15.5/27	2.2/9.5	—
分解有毒或刺激性产品	是	是	是	否	否	否
相对价格	1	1	3～5	0.2	0.1	0.1
相对分子质量	120.92	86.48	102.03	17.03	44.1	44.01
临界温度/℃	112	96	101	132.44	96.83	31.4
临界压力/kPa	4 115.63	4 977.50	4 066.67	112.77	4 256.97	7 377.65
0 ℃ 单位容积制冷量/(kJ/m³)	2 740	4 344	2 860	4 360	3 870	22 600
理论循环的 COP	5.62	5.55	5.49	5.73	—	2.78

(1) 优良的环境性能。CO_2 是自然界天然存在的物质，除空气和水外，是与环境最为友善的制冷工质，不会对环境的长期安全性产生无法预测的影响。如表 1-4 所列，其臭氧层破坏潜能(ODP)为零，温室效应远远小于常规制冷剂(GWP＝1)。考虑到所用的 CO_2 多为化工工业的副产品，如炼油和生产氨气，回收了原本要排放的废气，CO_2 的净温室效应应该为零。

(2) 良好的安全性和化学稳定性。CO_2 安全无毒，不可燃，由于是碳的最高氧化状态，具有非常好的化学稳定性，即便在高温下也不分解产生有害气体。

(3) 与常用的润滑油和常规的机械零部件材料具有良好的兼容性。CO_2 与水混合时呈弱酸性，对碳钢等普通金属稍有腐蚀性，但不腐蚀不锈钢和铜类金属。当 CO_2 比较干燥(含水率小于 8×10^{-6})时，可以采用普通碳钢。制冷系统中常用的润滑油和 CO_2 有很好的互溶性，因此，不用与采用 HFCs 为制冷剂时那样需要另外研制新的润滑油。

(4) 自身费用及系统的运行维护费用低。作为许多化工行业的副产品，CO_2 价格低廉，如表 1-4 所示，其价格只有 HFC-134a 的 3% 左右。此外，由于 CO_2 对环境没有不良影响，无须对其进行回收，运行维护比较简单，具有良好的经济性能。

(5) 有效减小制冷系统和压缩机尺寸。对于一个给定制冷量的系统，所需容积流量与压缩机吸气压力近似呈反比,因此,CO_2 相对较高的工作压力,可以有效地减小压缩机和管道尺寸。CO_2 还具有非常大的单位容积制冷量,0 ℃时,分别为 NH_3 的 5.18 倍,R12 的 8.25 倍,R22 的 5.2 倍和 R1314a 的 7.9 倍(如表 1-4 所示),相同制冷量下,CO_2 制冷系统的容积流量和一般制冷系统的容积流量相比可以显著减小,使得压缩机尺寸、管道的流通面积比一般制冷系统小得多。与 HFC-134a 相比,压缩机的工作容积可以减小 85%。此外,CO_2 优良的流动和传热特性,可以有效减小换热器尺寸,使整个系统非常紧凑。

(6)CO_2 制冷循环的压缩比较常规制冷循环低,压缩机的容积效率可以维持在较高的水平。

1.3 跨临界 CO_2 循环技术

1.3.1 跨临界 CO_2 循环的特点

与传统制冷剂相比,CO_2 工质最显著的物性就是较低的临界温度(31.1 ℃),而全球大部分地区夏季的环境平均温度都会高于 CO_2 的临界温度,因此,在制冷空调、热泵系统的常规工况下,CO_2 蒸气压缩循环系统将以跨临界循环形式运行,即:系统高压侧部分在超临界区域,低压侧部分则在亚临界区域运行(图 1-1)。正是由 CO_2 的特殊物性所致,跨临界 CO_2 循环具有以下三个非常显著的特点:

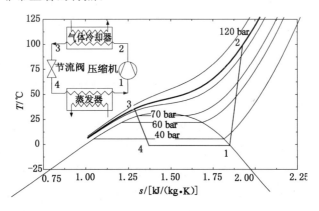

图 1-1 跨临界 CO_2 循环 T—s 图(1 bar=0.1 MPa)

(1)CO_2 工质的放热过程在超临界区进行,整个放热过程没有相变现象的发生,因此,系统中的放热换热器被称为气体冷却器而不是冷凝器。系统的高压侧压力由系统的充灌量而不是饱和压力决定,所以在系统设计中需要考虑控制系统高压侧压力,以确保较高的 COP 和制冷量。

(2)CO_2 系统的工作压力非常高(3~10 MPa)。为适应这么高的工作压力,系统各个部件需要重新设计。不过,由于系统管道和系统部件的容积减小,其爆破能量和常规制冷系统在同一水平[25]。CO_2 系统的工作压力高使得在给定制冷量的情况下,压缩机的工作容积可以大大缩小,并且压比很低,有利于提高压缩机的效率。

(3)CO_2 工质在放热过程中有较大的温度滑移。温度滑移现象在热泵系统中对加热水和空气非常有利,通过合理设计换热器可使 CO_2 在气体冷却器的出口处温度非常接近冷却介质温度,有利于提高系统的 COP。

1.3.2 跨临界 CO₂ 循环系统的研究现状

20 世纪 90 年代初,挪威 NTH 大学的 G. Lorentzen 教授根据 CO_2 的特殊物性提出跨临界 CO_2 循环,极大地推动了 CO_2 系统在制冷领域的发展。在过去的十几年中,国内外许多研究机构对跨临界 CO_2 循环投入了大量的研究,成为制冷界的一个研究热点。到目前为止,跨临界 CO_2 循环的研究主要集中在汽车空调、热泵系统(包括热泵热水器、热泵干燥器和热泵供暖)、复叠式制冷和商业制冷等领域[26-28]。

(1) 跨临界 CO_2 汽车空调系统

汽车空调系统是制冷剂向大气排放的主要来源,对大气环境有重要的影响,所以对制冷剂的选择非常重要。CO_2 工质对环境没有任何破坏作用,并且跨临界 CO_2 循环由于排气温度高、气体冷却器换热性能好,非常适合汽车空调的恶劣工况。因此,CO_2 被公认为是一种非常有前途的汽车空调新工质。

1992 年,G. Lorentzen[19]、J. Petterson[21] 率先从理论上研究了 CO_2 汽车空调系统,随后又建立了世界上第一个 CO_2 汽车空调系统,实验结果表明 CO_2 系统在一般工况范围内的制冷量和 COP 与 R12 系统相当,甚至在某些工况下高于 R12 系统。在这一结果的影响下,世界各地的研究机构,甚至包括汽车生产商,纷纷开始对跨临界 CO_2 汽车空调系统进行研究。

1994 年至 1997 年的欧共体 RACE 项目在 BMW5 轿车上进行采用 R134a 和 CO_2 系统的降温性能实验,实验结果表明,在不同的环境气候区域,CO_2 空调的制冷量充足,车内舒适性好,稳态运行时 CO_2 空调的燃料消耗量与 R134a 空调相当[29]。2002 年在悉尼举行的工业会议上,世界著名汽车生产商 BMW、Audi 和 DaimlerChrysler 公布了各自关于 CO_2 汽车空调的研究结果。与传统的 R134a 空调相比,CO_2 汽车空调具有制冷模式下系统性能高,车内温度低,降温速度快,燃油消耗少等优点。

R. P. McEnaney(1998)[30] 对 CO_2 和 R134a 系统性能进行了初步的实验比较,结果显示除极端高温(54.4 ℃)情况下,CO_2 系统 COP 均高于 R134a 系统。J. S. Brown(2002)[31] 用半理论模型对 CO_2 和 R134a 系统进行了比较,分析则发现 R134a 系统 COP 优于 CO_2 系统,且差距随环境温度和压缩机转速的升高而拉大。A. Hafner(2006)[32] 对中国和印度的汽车空调进行了 LCCP(Life Cycle Climiate Performance)研究,结果表明 CO_2 替代 R134a 可以节约能耗 12%,温室气体排放量减小 40%(印度)和 55%(中国)。Y. Niu(2006)[33] 实验研究了采用 CO_2/C_5H_9NO 混合工质的汽车空调系统,系统的 COP 最高只有 1.6 左右,但作者指出该空调系统的最大优势在于,利用 C_5H_9NO 对 CO_2 的溶解作用,系统排气压力可降至 35 bar 以下,从而使得传统的制冷系统部件就可以满足其要求。Y. Chen(2006)[34] 提出了一种新型的 CO_2 制冷循环与汽车发动机相结合的循环方式,利用汽车发动机排出的热气进一步加热压缩机排出的 CO_2 气体,并通过膨胀机回收功,以减小压缩机的输入功耗,模拟结果显示该循环可以有效地提高 CO_2 汽车空调系统的 COP,减少汽车发动机油耗。国内上海交通大学的陈芝久、丁国良和陈江平教授[35-44]带领的研究小组也对 CO_2 汽车空调系统进了广泛的研究,根据美国 Illinois 大学空调制冷中心关于 CO_2 汽车空调样机的实验数据建立了稳态的系统数学模型,对几种不同的跨临界 CO_2 循环进行了性能比较。在上海汽车工业科技发展基金的支持下,与上海易初通用机器有限公司合作开发国内第一套 CO_2 汽车空调系统样机,从实验上研究了 CO_2 汽车空调系统及其部件的特性。

(2) 跨临界 CO_2 热泵系统

热泵是被公认的 CO_2 跨临界循环最有应用前景的领域。CO_2 跨临界循环气体冷却器具有的较高排气温度和较大的温度滑移与冷却介质的温度上升过程相匹配,使其在热泵循环模式下具有传统热泵循环等温冷凝过程无法比拟的优势。

热水器方面。跨临界 CO_2 系统在高压侧的较大温度变化(80~100 ℃)的放热过程,非常适合用于热水加热,因此,对热泵领域的研究最先开始于热泵热水器。1996 年,挪威 SINTEF 研究所的 P. Neskå 和 J. Petterson[45] 等人建成了世界上第一台热泵热水系统试验台,满负荷加热量为 50 kW,如图 1-2 所示。该热泵热水系统最高可提供 90 ℃ 的热水,在蒸发温度 0 ℃ 工况下,将 9 ℃ 冷水加热到 60 ℃,系统的制热模式下 COP 可达到 4.3。日本电力工业中央研究所、Denso 公司和东京电力公司合作开发了家用 CO_2 热泵热水器[46]。所开发系统的年平

图 1-2 SINTEF/NTNU 实验室的 50 kW
热泵热水系统

均 COP 可达到 3.0 以上,即使在 -20 ℃ 的寒冷环境下仍可以提供 90 ℃ 热水。日本三洋公司(2000)[47] 开发的家用热泵热水器,制取 65 ℃ 和 90 ℃ 的热水时,年平均 COP 分别为 3.53 和 2.72,比传统锅炉减少 40% 的 CO_2 排放量。日本日立公司(2006)[48] 开发了能够随时提供热水的家用 CO_2 热泵热水器。该热水器额定制热量和 COP 分别为 23 kW 和 4.6,不用掺混冷水就可以直接提供所需水温的热水。R. Kern(2006)[49] 将冷热水分层水箱应用于 CO_2 热泵热水器中,冷水从水箱底部进入热水器,热水则从水箱顶部提供,从而提高了 CO_2 热泵热水器性能。挪威 Frostmann AS 公司与 SINTEF 研究所合作开发了世界上第一套商用 CO_2 热泵热水器[50]。该系统的热源采用食品冷冻加工的废热,可提供 70~80 ℃ 的热水,制热能力 22 kW,系统 COP 可达到 5.77。美国 UTRC 公司(2006)[51] 将 8 台商用 CO_2 热泵热水器安装在美国的不同地区不同应用场合,用以提供 60~80 ℃ 的卫生用水,并累计运行了 8 000 h。检测结果表明,其性能明显优于传统热水系统。Y. H. Hwang(1997)[13] 和 L. Cecchinato(2005)[52] 将 CO_2 热泵热水器与传统的热泵热水器进行了性能比较,均得出 CO_2 热泵热水器性能优于传统热泵热水器的结论。R. Yokoyama(2007)[53] 采用数值模拟的方法分析研究了外界环境温度对家用风冷式热泵热水器性能的影响。天津大学[54-58] 建成我国第一台跨临界 CO_2 水—水热泵实验台,对 CO_2 系统的结构参数和安全性、可靠性进行了较为全面的反分析,并在此基础上,开展了跨临界 CO_2 热泵系统的理论分析和实验研究。西安建筑科技大学的乔丽(2006)[59] 也对跨临界 CO_2 热泵热水机组的应用进行了研究。

除单纯加热热水外,CO_2 热泵热水器还可以与制冷结合起来,同时提供热水和冷气或冷水。S. D. White(1997)[60] 提出了同时制取冷水和热水的跨临界 CO_2 循环模式,理论计算表明,与分别采用常规制冷系统和锅炉提供冷、热水的方式相比,可节约能源 33%,减少 CO_2 排放量 52%。W. Adriansyah(2004,2006)[61,62] 对 CO_2 空调热泵热水器进行了实验研究。J. Stene [63] 则将空间加热和热水器结合起来,并对所建造的 6.5 kW 制热量样机系统进行

了实验测试。

热泵供热方面。M. R. Richter(2003)[64,65]对 CO_2 和 410A 家用热泵系统进行了实验对比。CO_2 热泵系统的 COP 略低于 410A,仅在室外温度较低的环境下,CO_2 热泵系统 COP 与 410A 相当。但是 CO_2 热泵系统较高的制热量,减少了辅助加热系统的加热量,使得 CO_2 热泵系统的全年平均效率与 410A 相当甚至略高。N. Agrawal(2007)[66]对两级压缩中间闪发冷却的跨临界 CO_2 热泵循环进行了研究。但是,发现与 NH_3 系统不同,这种循环方式大大降低了 CO_2 热泵系统的 COP。日本三洋公司(2006)[67]对一台 4.5 kW 的家用 CO_2 热泵进行了测试。该热泵系统通过产生热水给房间供暖,为了回收热水经过房间散热器后的废热,三洋公司在房间内增加了辅助空气换热器加热从室外引入的新风。测试结果显示,该热泵能耗在有无辅助空气换热器时,每年比传统燃油锅炉分别减少 19% 和 12%。众所周知,气体冷却器出口温度越低,跨临界 CO_2 循环的效率越高,但是在区域供暖情况下,回水温度一般在 60~70 ℃,CO_2 热泵系统在这一领域内很难体现其优势,因此,A. B. Pearson(2006)[68]提出了一种 R134a/CO_2 组合式热泵供暖系统。CO_2 热泵系统提供主要的供暖热水,R134a 系统则回收通过气体冷却器的余热,提供辅助供暖热水,同时又降低了气体冷却器出口温度,提高了 CO_2 热泵系统的效能。分析结果显示,该组合式热泵系统 COP 可达到 2.57,高于传统的 R134a 热泵供暖系统。

干燥器方面。E. L. Schmit(1998)[69]理论上对 CO_2 和 R134a 热泵干燥器进行了分析比较,发现 CO_2 干燥器除节流损失大外,其他方面均优于 R134a 干燥器。K. Klöcker(2001)[70]将 CO_2 热泵应用于干洗店的衣物干燥,实验结果表明,与传统的电加热方式相比,不仅能够缩短干燥时间,而且可节省 50%~60% 的能源。日本松下公司(2006)[71]开发了制热量 2.7 kW 的紧凑式 CO_2 热泵干燥器,用于家用洗衣机或干衣机中。样机的 COP 可达到 3.76,比传统直接加热式干衣机减少 59.2% 的耗电量,缩短 52.5% 的烘干时间。西安交通大学的文键(2002)[72]和天津大学的李敏霞(2004)[73]也对 CO_2 热泵干燥器进行了初步的分析和研究。

(3) 复叠式制冷

与其他低压级制冷剂相比,CO_2 在低温下的黏度非常小,传热性能好,并且由于利用潜热,其制冷能力相当大。因此,在复叠式制冷系统的应用中,CO_2 一般作低温级制冷剂,高温级用 NH_3 或 R134a 作制冷剂。J. Petterson(1994)[74]的研究表明,与 NH_3 双级压缩系统相比,低温级采用 CO_2,其压缩机体积减小到原来的 1/10,CO_2 系统的蒸发温度可达到 −45~ 50 ℃,通过干冰可降到 −80 ℃ 的低温。据报道,日本前川公司和电力公司合作于 2002 年首次开发了自然工质 CO_2-NH_3 低温复叠式机组,并完成了型式试验。该机组在蒸发温度 −55 ℃ 时 COP 达 1.2,较目前常规低温机组提高 20%[75]。为了降低 CO_2 系统的最高工作压力,S. G. Kim(2005)[76]研究了以共沸制冷剂(CO_2/134a 和 CO_2/R209)为工质的复叠式制冷系统。实验和模拟分析了不同质量百分比的 CO_2 和几种不同工况下系统的性能。S. Bhattacharyya(2005)[77]对同时用于制冷和制热的 CO_2/C_3H_8 复叠式系统进行了优化,得出具有指导意义的优化公式。该系统高温级是 CO_2 系统,C_3H_8 为低温级制冷剂。T. S. Lee (2006)[78]采用热力学分析的方法研究了 CO_2/NH_3 复叠式制冷系统最大 COP 和低温级 CO_2 系统的最优冷凝温度随冷凝温度和蒸发温度及其中间冷凝换热器温差的变化趋势,得出了相关优化公式。S. Sawalha(2006)[79]建成了用于超市的 CO_2/NH_3 复叠式制冷实验台,测得其总 COP 是 1.7。此外,还根据建立的数学模型分析了不同参数对系统性能的影响。顾兆林(2002)[80]、查世彤(2002)[81]和芦苇(2004)[82]采用热力学分析的方法对 CO_2/NH_3 复叠式制冷循环进行了初步的分析,得出了系统在蒸发温度和中间温度等因素变化时对系统 COP 的影响。

(4)跨临界 CO_2 商业制冷

P. Neskå(2002)[83]对集中式商用 CO_2 制冷系统在理论和实验上进行了研究。结果表明,CO_2 制冷系统在这一领域非常具有竞争力。S. Girotto(2004)[84]对安装在意大利特雷维索市一家中等超市的集中式 CO_2 制冷系统进行了研究。该系统包括 120 kW 制冷量的中温机组(蒸发温度-10 ℃)和 25 kW 制冷量的低温机组(-35 ℃)。研究发现,中温机组较低的效率导致整个系统每年能量消耗比 R404A 制冷系统高出 10%。因此,作者提出了几种改进措施以提高 CO_2 系统性能,使其接近目前的 R404A 制冷系统。设备造价上,由于没有合适的批量生产的部件,CO_2 制冷系统比 R404A 高出 20%。跨临界 CO_2 商业制冷领域中另外一个研究热点是瓶装饮料冷却器(Bottle Cooler)。文献[85-87]分别对各自开发的 CO_2 瓶装饮料冷却器样机进行了研究,并与常规系统(R134a,R404A)进行了比较。

(5)跨临界 CO_2 系统循环仿真与优化方面的研究

F. Kauf(1999)[88]和 S. M. Liao(2000)[89]对不同工况下跨临界 CO_2 系统的 COP 随高压侧压力的变化进行了研究,得出了最优高压侧压力的计算公式。A. Cavallini(2005)[90]对基本的两级压缩机中间冷却跨临界 CO_2 系统(无回热器)进行了试验测试,并根据实验数据建立了热力学模型,分析优化了两级压缩机中间冷却跨临界 CO_2 系统。通过在回气管路上增加回热器和在气体冷却器后增加后冷却器,可使 COP 提高 25%。N. Agrawal(2007)[91]同样对两级压缩机中间冷却跨临界 CO_2 系统进行了优化设计,提出了三种优化方式并得出相应循环的最优高压压力和压缩机级间压力的计算公式。Y. T. Ma[92]对膨胀机在跨临界两级压缩 CO_2 制冷系统中的优化配置进行了研究。J. L. Yang[93]对三种不同循环形式的带膨胀机跨临界两级压缩 CO_2 制冷系统进行了热力学分析比较,得出了膨胀机在两级压缩 CO_2 制冷系统中最优的配置形式。J. Sarkar(2004)[94]建立了跨临界 CO_2 热泵系统同时制冷和制热时的热力学模型,采用热力学第一和第二定律方法对跨临界 CO_2 热泵系统的运行参数进行了优化。

为了进一步分析研究跨临界 CO_2 循环的特性,进行系统优化设计,国内外许多学者还纷纷对 CO_2 系统建立了仿真模型。D. M. Robinson 和 E. A. Groll(2000)[95]开发了以环境为冷热源的军用跨临界 CO_2 空调系统仿真模型,以替代 R12 系统。S. D. White(2002)[96]根据样机的实验数据建立了高温热泵的数学模型,并通过该模型对样机系统进行了性能分析。J. Sarkar(2006)[97]建立了跨临界 CO_2 热泵系统同时制冷和制热时的稳态模型,得出了最优的 COP 和高压侧压力的关系式。J. Rigola(2005)[98]和 J. K. Rajan(2006)[99]也对跨临界 CO_2 系统进行了系统仿真。此外,国内上海交通大学的丁国良[36]、陈芝久教授[100]针对 CO_2 汽车空调进行了仿真研究,建立了稳态和动态的仿真模型。

1.4 跨临界 CO_2 循环膨胀技术的研究现状

20 世纪 90 年代初,CO_2 制冷技术虽然重新受到重视,但是其系统 COP 低于常规制冷系统,E. A. Groll 教授[16]在其研究中发现 CO_2 制冷循环的主要损失来自于等熵节流过程,采用膨胀机替代节流阀可以显著减少 CO_2 系统膨胀过程的不可逆损失。文献[101]和[102]也对跨临界 CO_2 循环进行了热力学第二定律分析,得出了相同的结论。因此,开发出高效 CO_2 膨胀设备并回收膨胀功以替代节流阀,是提高 CO_2 制冷循环性能的关键[103]。目前,国内外的研究机构主要对活塞、滚动转子、滑片和涡旋等型式的膨胀机进行了开发和研究。由于喷射器具有结构简单,无运动部件,可靠性高等优点,现在也成为研究热点之一。

(1) 活塞式膨胀机

1994 年,德国 Dresden 大学的 P. Heyl 教授和 H. Quack 博士[104]开始研制开发跨临界 CO_2 循环膨胀机。考虑到跨临界 CO_2 制冷循环压差大(大约 70 bar),容积制冷量大导致容积流量小的特点,P. Heyl 教授和 H. Quack 博士[105]提出采用密封性能较好的活塞式膨胀压缩机,并根据对 CO_2 循环系统进行热力计算的结果,选择采用两级压缩机,膨胀机驱动第二级压缩机的循环方式。P. Heyl 教授和 H. Quack 博士(1999)[104,105]开发出的第一代自由活塞膨胀压缩机(图 1-3),采用双作用对称式结构,具有两个膨胀缸和两个压缩缸,在 CO_2 制冷实验台上的测试结果表明,与采用节流阀时相比系统 COP 可提高 30%。但是由于该膨胀机采用全压膨胀原理,理论上只能够回收膨胀功的 78%,假设膨胀机的内部等熵效率为 85%,该膨胀机的总效率最多只能达到 66%,其效率的提升潜力不大。同时,受机器设计原理限制,膨胀机活塞和压缩机活塞的运动速度完全相同,造成了膨胀机输出功和压缩机所需的输入功不匹配,膨胀机前半个行程的输出功大,后半个行程的输出功小,而压缩机所需的输入功正好相反,因此导致能量损失,降低了机器的效率。

针对第一代膨胀压缩机存在的问题,J. Nickl(2002)[106]在发表的论文中介绍了第二代自由活塞式膨胀压缩机(图 1-4)。通过增加一个双臂摇杆,使膨胀机活塞和压缩机活塞的运动速度不同,从而解决了第一代膨胀机活塞和压缩机活塞必须同步运转的问题,减小了效率损失,其系统性能比第一代提高 10%。但是,由于复杂而昂贵的控制机构而最终放弃。

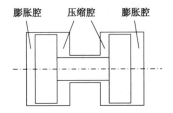

图 1-3　第一代膨胀压缩机(Dresden)

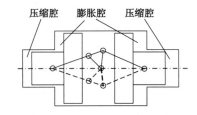

图 1-4　第二代膨胀压缩机(Dresden)

J. Nickl 等(2003)[104]开发的第三代自由活塞式膨胀压缩机(图 1-5)重新采用了第一代的全压膨胀原理,但是通过三级膨胀的办法,提高膨胀功的回收,减小效率损失。此外,膨胀机的吸、排气口开闭通过一个公共的圆柱滑阀控制,与第二代相比,简化了控制机构。H. Quack 等(2004)[107]对第三代膨胀压缩机样机成功进行了原理性实验。实验验证了膨胀机的控制机构完全可行,同时验证了 CO_2 自身携带的润滑油就可满足机器的润滑需要,无需额外的润滑系统。J. Nickl(2005)在文献[108]中给出了对样机进行进一步实验得出的 $P—V$ 图,并估算出膨胀机等熵效率达到 $65\% \sim 70\%$,压缩机等熵效率超过 90%。2006 年,将开发的第三代自由活塞式膨胀压缩机在瑞士威廷根一家超市的商用 CO_2 制冷系统中进行了试运行[109]。测试结果表明,该膨胀压缩机非常适合用于超市 CO_2 制冷系统中。

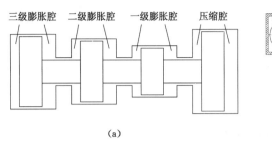
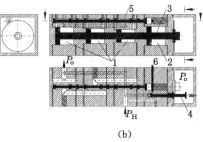

（a）   （b）

图 1-5 第三代膨胀压缩机(Dresden)

(a) 原理图；(b) 剖面图

1——膨胀机；2——压缩机；3——公共活塞轴；4——辅助圆柱滑阀；5——主圆柱滑阀；6——节流阀

D. Li 等(2000)[110]对 CO_2 循环系统中不同的膨胀设备进行了热力分析,提出采用涡管和活塞式膨胀机来减小节流损失。理想情况下,系统 COP 最大可以提高 37%,如果膨胀机的效率为 50%,系统 COP 可提高 20%,相同情况下,涡管的效率则需要 38%左右。J. S. Baek(2002)[111-113] 将一商用的四冲程两缸发动机改造成活塞式膨胀机(图 1-6),其吸、排气口的开闭采用快速电磁阀控制,实验测得膨胀机的等熵效率为10%左右,CO_2 制冷系统 COP 可提高 7%～10%。在润滑理论和假设活塞环为滑动轴承的基础上,J. S. Baek(2005)[114] 对研制的活塞式膨胀机建立了详细的数学模型,并通过模型对样机进行了分析。

（2）涡旋式膨胀机

涡旋膨胀机有固定的内容积比,不用像活塞膨胀机那样

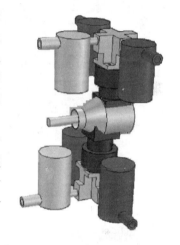

图 1-6 活塞式膨胀机(Purdue)

需要主动阀来控制膨胀机吸、排气,膨胀机的结构简单。M. Preissner(2001)和 H. J. Huff(2003)[115-118] 将两台半封闭式 R134a 涡旋压缩机改造成 CO_2 膨胀机。样机 Ⅰ 的动盘盘高减小为 1.7 mm,样机 Ⅱ 的动盘高度则保持不变,仍为 14 mm。但是因为内部泄漏比较大,样机 Ⅰ 的最大等熵效率和容积效率仅为 28% 和 40%。对于样机 Ⅱ,由于膨胀机的工作容积大,减弱了内部泄漏的影响,其性能高于样机 Ⅰ,最大等熵效率和容积效率分别为 42% 和 68%。D. Westphalen(2004)[119] 也在理论上对 CO_2 涡旋膨胀机进行了研究,提出了 CO_2 涡旋膨胀机的设计方案和功回收的方式,预测其泄漏损失约为 20%,摩擦损失约为 15%,总效率可达到 72% 左右。

（3）滚动转子式膨胀机

天津大学的魏东、查世彤、李敏霞、管海清[120-133]等人先后对 CO_2 滚动转子式膨胀机进行了开发和研究。魏东开发了第一代 D3ER1.0 型滚动活塞膨胀机(图 1-7),为了便于拆卸和更换零部件,分析运行效果,其结构设计为开启式。同时引入凸轮机构控制膨胀机进气滑阀开启和闭合。初步实验表明,膨胀机样机可以正常运转。查世彤在第一代的基础上开发了第二代 D3ER2.0 型滚动活塞膨胀机(图 1-8),通过增加滚针轴承减小膨胀机内部的摩擦,为防止外泄漏,将发电机和膨胀机合为一体,做成全封闭式,此外为了满足与压缩机的

匹配要求,减小了膨胀机的容量。理论上分析计算了膨胀机的泄漏、摩擦和流动损失,预测出膨胀机效率为 50% 左右。李敏霞在 D3ER2.0 型膨胀机上进一步改进成新型滑板滚动活塞膨胀机,型号 D3ER2.1,即在滑板与滚动活塞间增加一个密封柱,将线密封改为面密封,理论计算泄漏可减小 50%。此外,李敏霞又设计开发了 D3ESW1.0 摆动转子式膨胀机,将滚动活塞与滑板做成一体(图 1-9),以减小膨胀机内部泄漏环节。样机的测试结果表明,D3ER2.1 型和 D3ESW1.0 型膨胀机效率均高于 D3ER2.0 型膨胀机分别为 33%~44% 和 35%~47%。管海清则在前人研究的基础上,设计开发了摆动转子式膨胀压缩机(图 1-10),测试出了样机中膨胀机和压缩机的效率分别为 30%~50% 和 60%~80%。但是,所测数据均为样机的膨胀机部分和压缩机部分单独运行时的测试结果。

图 1-7 第一代滚动活塞膨胀机

图 1-8 第二代滚动活塞膨胀机

图 1-9 摆动转子

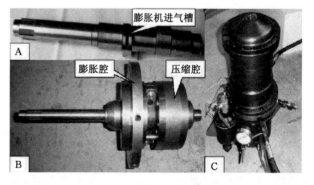

图 1-10 摆动转子式膨胀压缩机

(4) 其他膨胀机

伦敦 City 大学的 N. Stosic(2002)[134]在理论上对 CO_2 双螺杆膨胀压缩机(图 1-11)进行了研究,针对 CO_2 系统高低压差大,对转子产生的轴向力和径向力大的问题,提出了一种膨胀机和压缩机耦合的方式。如图 1-11 所示,膨胀机和压缩机的转子通过共轴方式连接,并置于两个独立的腔中,从而避免工质的内部泄漏。膨胀机进口和压缩机出口都设在机器的中部,机器左端排出膨胀机膨胀后的低压气体,右端则为压缩机的进口。通过该配置方式,膨胀压缩机的轴向负荷可以完全抵消,径向负荷较小 20%。

M. Fukuta(2003)[135]对滑片式膨胀机进行了研究,认为滑片式膨胀机具有尺寸小,结构和控制简单,以及小流量下性能好的优点,适合应用于CO_2循环系统中。建立的数学模型模拟结果显示,泄漏是影响滑片式膨胀机性能的主要因素,传热的影响相对较小,模型预测滑片式膨胀机总效率在20%~40%,并随着转速的增加而增大。由滑片式油泵改造成的CO_2滑片式膨胀机样机(图1-12),在膨胀机进口压力9.1 MPa,温度40 ℃,出口压力4.1 MPa的工况下,总效率可达到43%。M. Fukuta(2006)[136]研制了滑片式膨胀压缩机样机,其中压缩机部分作为CO_2循环的二级压缩机,但是由于能量不匹配,膨胀机无法驱动压缩机,后通过额外增大膨胀机流量的方法,压缩机可将气体压力从7.9 MPa压缩到8.7 MPa。实验结果显示,压缩机部分的性能主要受压缩机前后压差和转速的影响。此外,西安交通大学的彭学院[137]等人也对滑片式膨胀机进行了研究。

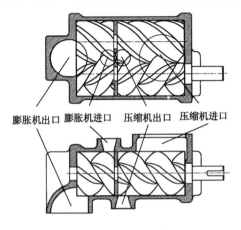

膨胀机出口 膨胀机进口 压缩机出口 压缩机进口

图1-11 CO_2双螺杆膨胀压缩机   图1-12 滑片式膨胀机

英国MIEE Driver公司[138]对普通的滑片式膨胀压缩机进行了改进,并申请了专利。其采用铰接的纺锤形滑片替代普通的在滑槽中上下滑动的滑片,具有一定偏心距的转子带着纺锤形滑片旋转时,控制臂和曲柄控制纺锤形滑片沿自身底部摆动,滑片顶部则绕着缸体中线旋转,从而实现两滑片与缸体围成的工作容积的变化,实现膨胀或压缩过程(图1-13)。通过调整控制臂的长短,可以控制滑片顶部与缸体内壁的间隙。该机构可以消除普通滑片侧面与滑片槽,以及滑片顶部与缸体内壁的接触摩擦力,减小了机械损失,从而提高机器的可靠性和效率。同时,其滑片耐压能力也大大提高,比普通滑片式膨胀压缩机更适合应用于CO_2循环系统中。不过,其内部泄漏仍然是一个值得考虑的问题。

(5)其他膨胀设备

D. Q. Li[139]建立了喷射器等压混合模型,并通过该模型对带喷射器的CO_2空调系统进行了热力学分析,研究了喷射系数和蒸发器与膨胀器接收腔之间压力差对带喷射器的CO_2空调系统性能的影响,采用喷射器可以提高CO_2空调系统COP 16%左右。D. Q. Li(2006)[140]又建立了两相流动喷射器和相应的CO_2循环系统的模型。计算结果发现,主喷嘴膨胀过程的等熵效率为95%,但副喷嘴的等熵效率很低只有26%。将两相流动喷射器的膨胀方式用于美国军事上的ECU(Environmental Control Unit)系统,其COP可以提高11%,制冷量增大9.5%。此外,文献[141-147]也在理论上研究了喷射器对CO_2制冷系统的影响。

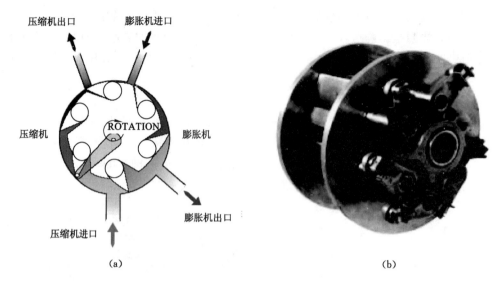

图 1-13　铰接式滑片膨胀压缩机

（a）示意图；（b）实物图

E. TØndell(2006)[148]对 CO_2 冲击式膨胀机进行了研究,其结构原理是高压 CO_2 气体通过喷管膨胀后的高速流体,冲击透平转子回收功。但是目前这种膨胀机的效率非常低,喷管的等熵效率只有 60% 左右,能够回收的功仅占等熵膨胀功的 20%～30%。

综上所述,作为替代传统氟利昂制冷剂的理想自然工质,跨临界 CO_2 系统在空调、热泵和商业制冷等领域受到人们越来越多的关注。理论和实验研究表明,巨大的系统压差所引起的节流损失是导致其系统效率低于常规的制冷剂循环效率的主要原因。

为了提高跨临界 CO_2 系统效率,许多国家和研究机构提出了各种改善措施,其中最受人们关注的是膨胀机技术的开发,但是由于工作压力高,压差大以及 CO_2 工质要经历超临界和亚临界区等诸多因素,使得该项技术的研究难度增加。虽然一些研究机构制造出了膨胀机样机并对其进行了一定的实验研究,但是还没有一种型式的 CO_2 膨胀机能够成功应用在商业制冷领域,对于膨胀机技术的研究仍然处在可行性探讨、理论分析和样机试验阶段。鉴于上述情况,有必要对提高跨临界 CO_2 性能的关键技术进行深入的研究分析,解决膨胀机技术开发的技术难点,研制出新型高效的膨胀机,为 CO_2 膨胀机的效率进一步提高和膨胀机技术的实用化提供理论指导和实践经验。

1.5　主要研究内容

本书的研究内容主要包括:

第 2 章对跨临界 CO_2 循环进行了热力学分析。采用㶲分析的方法,从理论上分析了跨临界 CO_2 基本循环主要部件的损失,并根据分析结果总结了目前跨临界 CO_2 系统主要的改善措施。建立了跨临界 CO_2 循环的热力学模型,在较宽的工况范围内,从 CO_2 系统的效率、高压压力、排气温度、㶲效率及主要部件的㶲损失等参数比较,详细分析了各措施的特点和适用领域,得出膨胀机替代节流阀并回收膨胀功方式具有改善效果显著、适用范围广的结论。对单级和两级跨临界CO_2带膨胀机循环进行了参数研究,通过参数的灵敏度,详细分析了各系统参数改变时对系统效率影响程度的变化,对比分析了在不同膨胀机的等熵效率、蒸发温度、气体冷却器出口温度等下,膨胀过程和功回收两部分对循环效率的贡献,为膨胀机与循环系统的整合提供了理论指导。

第3章研制了一种新型的跨临界CO_2自由活塞式膨胀—压缩机。在流量、泄漏、摩擦及其性能潜力等方面,对不同型式的膨胀机进行了详细分析。对选定的自由活塞式膨胀机的关键技术问题提出了解决方案,研制出具有创新性的膨胀机吸、排气控制机构。建立了自由活塞式膨胀—压缩机的设计模型,设计制造了单作用自由活塞式膨胀—压缩机,通过详细分析样机测试中存在的主要问题,提出了双作用自由活塞式膨胀—压缩机的改善方案。最后针对实际运行中可能出现的问题,在双作用自由活塞式膨胀—压缩机的结构上进行了详细设计,通过设计模型确定了样机的结构参数并制造出样机。

第4章对双作用自由活塞式膨胀—压缩机的工作特性进行了实验研究。测定了样机工作频率与压差的关系,通过 p—t 图详细分析了不同压差工况下,样机及其吸、排气控制机构的工作特性,确定出合适的工作频率范围,为今后膨胀—压缩机的改进和完善提供了实验依据。

第5章研究了双作用自由活塞式膨胀机的内部微观工作过程,根据能量与质量守恒定律运用控制容积法建立了双作用自由活塞式膨胀—压缩机的变质量工作过程的热力学模型。根据对不同泄漏通道和流态的分析,建立了相应的间隙泄漏模型。建立了膨胀—压缩机孔口的单相和两相流动模型,描述CO_2工质在不同状态时通过孔口的流动。针对目前尚无公开文献描述膨胀腔内两相换热这一情况,本书采用水平光管内的两相换热,描述液滴蒸发对换热的强化。借助本章建立的热力学模型,可以对不同结构参数、不同运行工况下的双作用自由活塞式膨胀—压缩机进行热力过程分析和性能预测,为后续膨胀—压缩机的改进和完善奠定了良好的理论基础。

第6章在分析自由活塞运动和受力特点的基础上,建立了双作用自由活塞式膨胀—压缩机的动力学模型。该模型可以对自由活塞的运动规律、受力情况、控制滑杆的运动规律及膨胀—压缩机内部摩擦功耗和碰撞功耗进行研究,为后续膨胀—压缩机的进一步完善提供必要的数据。

第7章详细介绍了跨临界CO_2制冷系统的工作原理和设备,包括水循环系统、测点布置、测量仪器的安装方式及数据采集系统,并给出了实物照片。对双作用自由活塞式膨胀—压缩机的数学模型进行了验证,通过模拟计算分析了泄漏、余隙容积、传热和摩擦对膨胀机效率的影响,为今后膨胀—压缩机的研究提供了理论指导。

第8章总结了全书的研究结果,并对以后的研究工作进行了展望。

2 跨临界 CO₂ 循环系统的热力学研究

CO₂ 作为自然工质中最有希望的替代工质,由于其特殊的热物理性质,在汽车空调、热泵及热泵热水器等领域有很大的应用潜力[28,45],但是跨临界 CO₂ 系统较大的工作压差导致其节流损失远大于常规制冷系统[16],制冷效率低下。本章对不同形式的跨临界 CO₂ 循环系统建立了热力学模型,通过对计算结果分析,研究了不同改进措施对系统性能的影响及其采用不同措施时损失在系统中的分布,为寻找提高 CO₂ 系统性能的最佳方案提供理论依据和方向。

2.1 跨临界 CO₂ 基本循环

如图 2-1 所示,跨临界 CO₂ 基本循环(Single-stage Cycle,简称 SC)主要包括压缩机、气体冷却器、节流阀和蒸发器四部分。与传统蒸气压缩式制冷系统相同,CO₂ 工质在系统中经历压缩过程(1—2)、放热过程(2—3)、等焓节流过程(3—4)和吸热过程(4—1)完成一个循环。因为 CO₂ 的临界温度和临界压力分别为 31.1 ℃和 7.377 MPa,在较热的季节或区域,其外界温度会高于 CO₂ 的临界温度,所以 CO₂ 必须在超临界区完成放热过程(2—3),其温度和压力相互独立变化且没有相变过程,这是与传统制冷系统最大的区别。鉴于跨临界 CO₂ 循环的特殊性,国内外许多研究机构对其进行了研究,其中公认的一项研究结果就是,工作压差大,一般在 6 MPa 左右,由此引起节流损失严重,导致在常用工况下,其系统效率与传统制冷系统存在一定的差距。

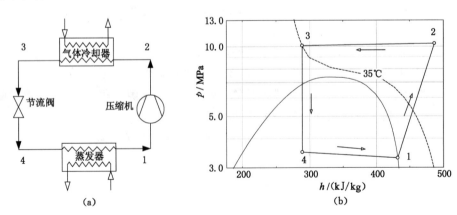

图 2-1 SC 循环示意图及其相应 p—h 图

2.2 跨临界 CO_2 基本循环的主要损失分析

本节主要是根据热力学第一定律和第二定律对临界 CO_2 基本循环的损失进行初步分析,得出损失的影响因素,从而找出减少㶲损失的途径。具体的热力学分析过程和原理及其相关概念将在后面详细叙述。

2.2.1 换热器损失

(1) 换热器管内换热损失

根据热力学第一定律,单位质量的 CO_2 在换热器的微元区间的焓降等于管内壁吸收的热量:

$$-dh = dq \tag{2-1}$$

管内换热的㶲损失等于 CO_2 的㶲减少与管内壁得到的热量㶲的差值:

$$\delta i_1 = -de - \delta e_{wi,q} \tag{2-2}$$

将式 $de = dh - T_0 ds$ 和 $\delta e_{wi,q} = (1 - \dfrac{T_0}{T_{wi}})dq$ 及热力学微分式 $dh = Tds + vdp$ 带入式 (2-2) 并整理,可得:

$$\delta i_1 = T_0 ds - \frac{T_0}{T_{wi}} dh \tag{2-3}$$

再将热力学微分方程式 $dh = Tds + vdp$ 和式 (2-1) 代入式 (2-3),并由熵的定义式 $ds = \delta q / T$,整理换热器管壁内侧与 CO_2 换热损失:

$$\delta i_1 = -\frac{T_0 v}{T_{wi}} dp + T_0 \delta q \left(\frac{1}{T_{wi}} - \frac{1}{T} \right) \tag{2-4}$$

(2) 换热器管外换热损失

同理可推出换热器管壁外侧和管外流体之间的换热损失:

$$\delta i_2 = -\frac{T_0 v_{hxf}}{T_{wo}} dp_{hxf} + T_0 \delta q \left(\frac{1}{T_{hxf}} - \frac{1}{T_{wo}} \right) \tag{2-5}$$

(3) 换热管导热损失

根据平衡式,热量通过换热管的损失为管壁内侧得到的热量㶲与管壁外侧得到热量㶲的差值:

$$\delta i_3 = \delta q \left(1 - \frac{T_0}{T_{wi}} \right) - \delta q \left(1 - \frac{T_0}{T_{wo}} \right) \tag{2-6}$$

式 (2-4)、式 (2-5) 和式 (2-6) 总和即为换热器的损失:

$$\delta i_{hx} = T_0 \delta q \left(\frac{T - T_{hxf}}{T \cdot T_{hxf}} \right) - T_0 \left(\frac{vdp}{T_{wi}} + \frac{v_{hxf} dp_{hxf}}{T_{wo}} \right) \tag{2-7}$$

上式第一项是由于换热器冷热流体之间存在温差放热引起的㶲损失,第二项是由于摩阻引起的流通㶲损失。

从式 (2-7) 可以看出,换热器传热㶲损失与冷、热流体温差呈正比,与冷、热流体绝对温度的乘积呈反比,温差越大,㶲损失越大,相同传热温差下,高温时的㶲损失比低温的小。此外,换热器管内外流体的压力损失增大,也会增大换热器的㶲损失。因此,在实际系统设计或应用中,应尽量减小冷、热流体温差和流动损失。

如果考虑换热器壳体向环境散热引起的㶲散逸,则换热器的㶲损失还有一项散热散逸损失:

$$\delta i_4 = \delta q'(1 - \frac{T_0}{T_{hxo}}) \qquad (2\text{-}8)$$

式中　δi_4——换热器微元的散热㶲散逸损失,kJ/kg;

　　　$\delta q'$——换热器微元向环境的散热量,kJ/kg;

　　　T_{hxo}——换热器微元壳体温度,K。

因此,为了减少由于换热器散热引起的㶲损失,经常在换热器外侧覆盖绝热材料,减少换热器与环境之间的换热量。

2.2.2　流动和节流损失

假设 CO_2 在管道内流动或者节流过程中,与外界既无热量也无功量的交换,当忽略动、位能的影响时,单位质量 CO_2 流体在某一微元过程中的焓差为零:

$$dh = 0 \qquad (2\text{-}9)$$

将热力学微分方程式 $dh = Tds + vdp$ 代入式(2-9),得出其熵增为:

$$ds = -\frac{v}{T}dp \qquad (2\text{-}10)$$

则该微元过程的损失为:

$$\delta i = T_0 ds = -\frac{T_0 v}{T}dp \qquad (2\text{-}11)$$

积分可得出 CO_2 在管内绝热流动或经过节流阀的绝热节流过程的㶲损失:

$$i = T_0 \Delta s = -T_0 \int \frac{v}{T}dp \qquad (2\text{-}12)$$

由式(2-12)分析发现,绝热流动和节流过程中,㶲损失与压降呈正比,压降越大,流动和节流㶲损失越大,因此要尽力减小压降,针对流动可以采用提高管壁的光滑度,以降低摩阻,降低 CO_2 在管内的流速等措施。从熵的角度上考虑,绝热流动的㶲损失还与 CO_2 的熵增相关,减少 CO_2 流体的熵增可以降低㶲损失,因此可以用膨胀过程代替,减小 CO_2 的熵增,以降低节流过程的㶲损失。

如图 2-2 显示,节流阀前后压力不变时,CO_2 进入节流阀前的温度从 3 点降低到 3′点,节流损失可从 i_{34} 减小到 $i_{3'4'}$。由于 CO_2 节流前温度受外界环境温度等因素的影响,所以经常采用回热器方式,利用蒸发器出来的低温气体去进一步降低 CO_2 节流前的温度,从而减小节流损失,该方式在常规制冷系统中被广泛采用。

图 2-3 是单位质量的 CO_2 工质在环境温度 35 ℃时从不同进口压力和温度下节流至 3.97 MPa 的㶲损失图。正如前面分析,单位质量的 CO_2 节流㶲损失随进口温度的降低而减小,但值得注意的是当进口压力为 8 MPa 和 9 MPa 时,CO_2 的节流㶲损失会出现一个快速降低的过程,这主要是受到了临界点附近 CO_2 热物性急剧变化的影响,当节流阀进口压力大于10 MPa 时,由于距离临界点较远,受到的影响有限,CO_2 的节流损失逐步减小,没有出现异常现象。从图上还可以看出,节流阀进口温度处于较高温度时,节流阀出口压力固定的情况下,㶲损失会随着进口压力的降低而增大,分析其原因主要是受 CO_2 比容变化的影响,从公式(2-12)知道,㶲损失除了受到压差影响外,还受到节流过程中平均比容和平均温度

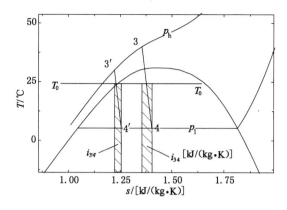

图 2-2 CO_2 节流前温度对节流损失的影响

的影响,进口压力降低会导致 CO_2 比容增大,且温度越高 CO_2 的比容受压力的影响越大,因此,虽然进口压力减小降低了压差,但是比容的增大抵消了其对节流㶲损失的影响,总体表现为单位 CO_2 工质节流㶲损失随进口压力降低而增大。当节流阀进口压力和温度固定时,降低节流阀出口压力,单位 CO_2 工质的节流㶲损失表现为增大,且进口温度越高,节流㶲损失的变化幅度越大,如图 2-4 所示。

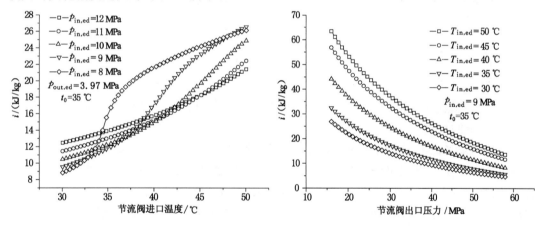

图 2-3 节流过程的比㶲损失随进口温度变化　　　图 2-4 节流过程的比㶲损失随出口压力变化

2.2.3 压缩机损失

在完全理想的条件下,气体的压缩可以经历各种不同的可逆过程,如图 2-5 中的可逆绝热压缩过程 $\overrightarrow{12_s}$,可逆多变压缩过程 $\overrightarrow{12_n}$ 和可逆等温压缩过程 $\overrightarrow{13}$。假设压缩机进口处 CO_2 压力为 p_1,温度与环境温度 T_0 相同,气体冷却器进口压力 p_h。

根据热力学第一定律,可逆等温压缩过程 $\overrightarrow{13}$ 的功耗:

$$w_{\overrightarrow{13}} = h_3 - h_1 + T_1(s_1 - s_3) = h_3 - h_1 + \text{面积 } m\text{-}3\text{-}1\text{-}j \tag{2-13}$$

可逆多变压缩过程 $\overrightarrow{12_n}$ 功耗:

$$w_{\overrightarrow{12_n}} = h_{2_n} - h_1 + T(s_1 - s_{2_n}) = h_{2_n} - h_3 + h_3 - h_1 + T(s_1 - s_{2_n}) \tag{2-14}$$

其中,$h_{2_n} - h_3$ 在图 2-5 中为 面积 $m\text{-}3\text{-}2_n\text{-}k\text{-}n$,$T(s_1 - s_{2_n})$ 为 面积 $n\text{-}k\text{-}2_n\text{-}1\text{-}j$,因此:

$$w_{\overrightarrow{12_n}} = w_{\overrightarrow{13}} + \text{面积 } 3\text{-}2_n\text{-}1\text{-}k \tag{2-15}$$

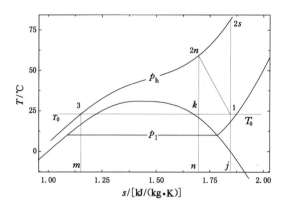

图 2-5　不同可逆压缩过程在 T—s 图上表示

同理,可逆绝热压缩过程 $\overrightarrow{12_s}$ 的功耗:

$$w_{\overrightarrow{12_s}} = w_{\overrightarrow{13}} + \text{面积 } 3\text{-}2_s\text{-}1\text{-}k \tag{2-16}$$

根据式(2-15)和式(2-16)可以清楚地看出这几种可逆压缩过程的功耗以可逆等温压缩过程最小,这也是从 1 点压缩到高压压力 p_h 时理论上需要的最小功量。

可逆压缩过程中,CO_2 工质可能与外界环境发生有温差的热交换而产生直接外部㶲损失 i',压缩终了的 CO_2 如果温度高于外界环境温度会在气体冷却器内与外界进行等压热交换而产生间接外部㶲损失 i''。外部㶲损失 i' 和 i'' 的大小,取决于压缩过程中的多变指数,如图 2-5 所示,当指数等于 k 时为可逆绝热压缩过程,$i'_{\overrightarrow{12_s}} = 0$,$i''_{\overrightarrow{12_s}} = $ 面积 3-2ₛ-1。当指数在 $1 \sim k$ 之间时为可逆多变压缩过程,$i'_{\overrightarrow{12_n}} = $ 面积 k-2ₙ-1,$i''_{\overrightarrow{12_n}} = $ 面积 3-2ₙ-k。当指数等于 1 时为可逆等温压缩过程,$i'_{\overrightarrow{13}} = 0$,$i''_{\overrightarrow{13}} = 0$。比较发现可逆绝热压缩过程的外部㶲损失要大于可逆多变压缩过程。

若进一步考虑不可逆的实际压缩过程,除外部㶲损失外,还存在压缩机内部的不可逆㶲损失 i''',以 T_0 下的可逆定温过程为标准,则实际压缩过程多消耗的㶲由 $i' + i'' + i'''$ 三部分组成,其中内部㶲损失 i''' 取决于压比和制造技术,内部摩擦阻力越大,该损失也就越大。外部㶲损失 $i' + i''$ 取决于压缩过程,根据前面的分析可知越接近等温压缩过程,该损失越小,实际中可通过采用多级压缩中间冷却的方式来逼近,但是如果级数过多,初投资大,新引入的不可逆损失也增大,总损失反而增大,因此,实际系统在压比较大的情况下一般采用两级压缩中间冷却的方式。

2.3　跨临界 CO_2 循环性能的典型改善措施

为了提高跨临界 CO_2 基本循环的 COP,需要对其进行改进,以减少循环中的不可逆损失。本节根据 2.2 节的分析并参考相关文献,给出了目前几种典型的改善措施,并通过热力学方法分析各措施对系统的影响。为了避免各个措施间的相互干扰,本节为每种措施选定了单独采用该方式的典型循环方式。

2.3.1　膨胀机替代节流阀并回收膨胀功方式

减小系统节流损失最直接的办法就是采用膨胀机替代节流阀并回收膨胀功。其最简单的循环形式(Single-stage Cycle with an Expander,简称 SCE),如图 2-6 所示,经过气体冷却器冷却的高压 CO_2 气体,经过膨胀机膨胀(3—4)进入蒸发器,同时膨胀功输送给压缩机。采用膨胀机不但可以降低蒸发器进口处 CO_2 的焓值,而且可以通过回收膨胀功的方式减小压缩的消耗,从而可以有效地提高系统的 COP。

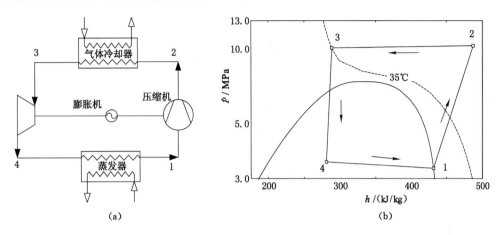

图 2-6 SCE 循环示意图及其相应 $p—h$ 图

2.3.2 回热循环方式

除了采用膨胀机替代节流阀,许多学者还提出了其他形式的改善措施,其中回热器循环是减小 CO_2 循环节流损失的另一种重要手段。图 2-7 给出了简单的回热器循环(Single-stage Cycle with a Suction-Line Heat Exchanger 简称 SCSLHX),在蒸发器和压缩机之间置入一个换热器(回热器),使节流前的高压 CO_2 和来自蒸发器的低温 CO_2 气体进行内部热交换。热交换的结果是高压 CO_2 气体因向低温 CO_2 气体放热而进一步冷却,低温的 CO_2 气体吸收热量而有效过热。采用回热循环降低了 CO_2 在蒸发器进口处的干度,增大了制冷量,但是压缩机过热度的增加会导致压缩功增加,因此,系统 COP 的变化取决于两者的综合影响。

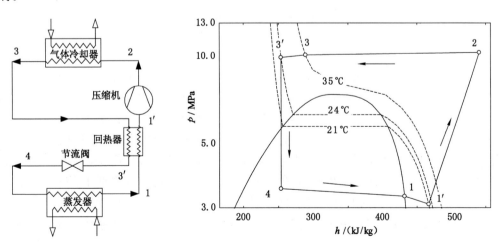

图 2-7 SCSLHX 循环示意图及其相应 $p—h$ 图

2.3.3 两级压缩循环方式

两级压缩循环是改善压缩机工作环境的一种重要方式。受 CO_2 的物性决定,跨临界 CO_2 循环的工作压差很大(通常在 6 MPa 左右),通过两级压缩可以较好地改善压缩的受力,内部泄漏等情况,但是从循环的热力学分析可以知道,单纯地采用两级压缩形式,对系统性能提高不大,因此,多在此循环基础上加入一些改善措施。

(1) 级间冷却方式

级间冷却是两级压缩循环中最常见的一种改善方式,其典型循环如图 2-8 所示,即带级间冷却器的两级压缩跨临界 CO_2 循环(Two-stage Cycle with an Intercooler,简称 TCIC)。与跨临界 CO_2 基本循环相比,TCIC 循环的主要区别在于从 1st 压缩机排出的 CO_2 气体经过级间冷却器冷却后,再进入 2nd 压缩机。文献[149]指出压缩机级间加入级间冷却器可以降低压缩机的排气温度,减小了气体冷却器中 CO_2 与外侧流体的传热温差,降低了在气体冷却器的传热损失,同时还可以减小压缩机的功耗。

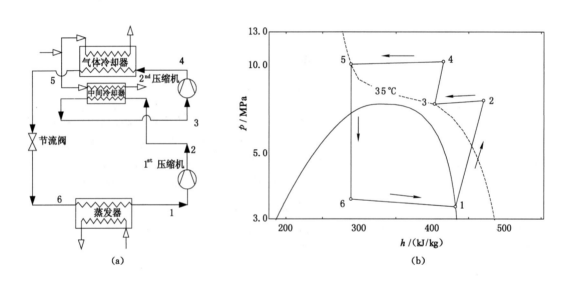

图 2-8　TCIC 循环示意图及其相应 p—h 图

(2) 经济器方式

经济器是降低多级压缩的排气温度,改善循环性能的另外一种重要方式,最典型的一种带经济器循环是旁通闪发气体的两级压缩跨临界 CO_2 循环(Two-stage Cycle with Flash Gas Bypass,简称 TCFGB),工作过程如图 2-9 所示。被气体冷却器冷却的高压 CO_2 气体首先由辅助节流阀节流到亚临界区的中间压力,进入具有气液分离功能的中间储液器,分离出的饱和气体与 1st 压缩机排出的气体混合后,被 2nd 压缩机吸入压缩成高压气体,剩下的饱和液体则进入主节流阀节流至蒸发压力,进入蒸发器。经济器的引入降低了 CO_2 进入蒸发器时的焓值,提高了蒸发器的制冷量,同时饱和气体的引入降低了 2nd 压缩机的吸排气温度,改善了压缩的工作环境。但是由于只有部分 CO_2 工质进入蒸发器,整体系统的制冷量和性能的提高有待研究。

(3) 分体循环方式

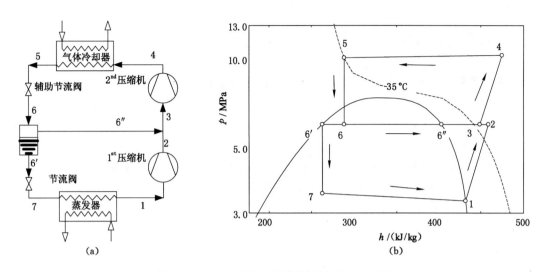

图 2-9　TCFGB 循环示意图及其相应 *p—h* 图

由卡诺定律可知,热源温度保持不变时,冷源温度越高,制冷系统的性能越高,根据这一原理,可采用分流的方式来提高跨临界 CO₂ 系统的性能,其中最典型的循环形式就是带中间气体冷却器的两级压缩跨临界 CO₂ 循环（Two-stage Cycle with an Internal Gas-cooler,简称 TCIGc）,如图 2-10 所示。TCIGc 循环分为辅助循环（5-7-8-3-4-5）和主循环（5-6-1-2-3-4-5）两部分。2nd 排出的高压 CO₂ 经过气体冷却器冷却后,一部分经过辅助节流阀降温,进入中间气体冷却器,另一部分则直接进入中间气体冷却器,两者在中间气体冷却器内部完成热交换。被加热的辅助循环部分的 CO₂ 与 1st 压缩机排气混合后进入 2nd 压缩机。被进一步冷却的主循环部分的 CO₂ 则进入主节流阀节流至蒸发压力,然后进入蒸发器制取冷量。该循环是利用辅助循环产生的冷量进一步冷却主循环中进入节流阀前的 CO₂,降低其焓值,从而提高主循环的制冷量和性能。由于辅助循环部分的蒸发温度高,循环效率高,该循环方式在一定程度上可以提高跨临界 CO₂ 循环的整体性能。

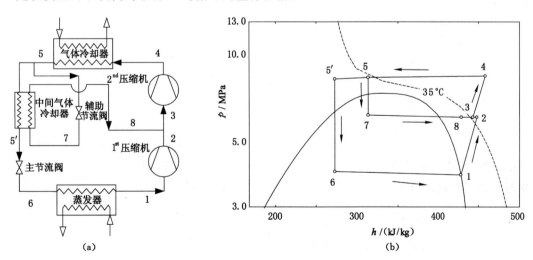

图 2-10　TCIGc 循环示意图及其相应 *p—h* 图

2.4 跨临界 CO_2 循环系统的热力学模型

热力学分析是人们研究一个循环系统中热能和机械能相互转换规律,以提高能量利用率的重要手段。本节将跨临界 CO_2 循环系统每一个部件当作黑盒处理,通过其输入和输出参数相互联系,建立系统热力学模型。采用能量分析和㶲分析方法进行研究,得出系统内部和外界各种因素对 CO_2 循环系统性能的影响规律,及其不同工况下在 CO_2 系统内各部件的损失情况等,从而为优化 CO_2 循环系统,提高能量利用率,提供理论依据。

为了简化 CO_2 循环系统的热力学模型,其假设和计算条件如下:

(1)系统在稳态工况下运行;

(2)忽略系统的各部件与环境的换热;

(3)水与系统换热器发生换热时不发生相变;

(4)压缩机压缩过程是绝热但不是等熵过程;

(5)系统连接管道和水侧的压降忽略不计;

(6)制冷剂出蒸发器时为饱和气体状态;

(7)蒸发器 CO_2 出口处温差 2 ℃,冷冻水的温降幅度为 5 ℃;

(8)气体冷却器 CO_2 出口处温度为 30~50 ℃;

(9)环境温度为 35 ℃;

(10)系统所有换热器内压力损失为 0.1 MPa;

(11)无特殊标明情况下,膨胀机等熵效率为 0.6,回热器换热效能为 0.6;

(12)考虑到在实际应用中跨临界 CO_2 系统高压侧 CO_2 压力的变化,模型中 CO_2 高压侧压力的计算范围为 8~14 MPa。

2.4.1 压缩机等熵效率

压缩机等熵效率定义为压缩机等熵压缩时进出口焓差与实际压缩时进出焓差的比值,即:

$$\eta_{is,c} = \frac{h_{dis,is,c} - h_{suc,c}}{h_{dis,c} - h_{suc,c}} \tag{2-17}$$

式中　$\eta_{is,c}$ ——压缩机的等熵效率;

　　　$h_{dis,is,c}$ ——压缩机等熵压缩时的出口焓值,kJ/kg;

　　　$h_{suc,c}$ ——压缩机吸气口焓值,kJ/kg;

　　　$h_{dis,c}$ ——压缩机实际压缩过程时的出口焓值,kJ/kg。

B. Hubacher 和 E. A. Groll[150]对活塞式 CO_2 压缩机的性能进行了测试,通过对试验结果的分析,发现压缩机的等熵效率主要由吸排气压比决定,吸气过热度对其影响很小,可以忽略不计。因此,CO_2 压缩机的等熵效率采用下列公式计算[16]。

$$\eta_{is,c} = 0.815 + 0.022\left(\frac{p_{dis,c}}{p_{suc,c}}\right) - 0.004\,1\left(\frac{p_{dis,c}}{p_{suc,c}}\right)^2 + 0.000\,1\left(\frac{p_{dis,c}}{p_{suc,c}}\right)^3 \tag{2-18}$$

式中　$p_{suc,c}$ ——压缩机吸气压力,MPa;

　　　$p_{dis,c}$ ——压缩机排气压力,MPa。

需要指出的是,公式(2-18)仅仅适用于某种型式的 CO_2 压缩机,从图 2-11 可以看出由公式(2-18)计算出的等熵效率在 $70\%\sim85\%$,远大于 B. Hubacher 和 E. A. Groll[150] 得出的 $50\%\sim60\%$ 的测试结果。本书引用该公式的主要原因在于其较大的应用范围(压比为 $1\sim10$),从而能够在 CO_2 系统的整个计算工况中对 CO_2 压缩机的等熵效率有较为合理的取值。

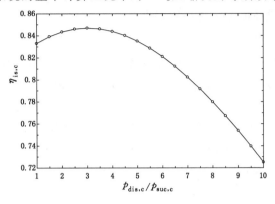

图 2-11　CO_2 压缩机等熵效率与压比关系图

2.4.2　回热器的效能

为了反映如回热器、中间气体冷却器等内部热交换器的换热效果,本书在计算 CO_2 系统循环过程中,引入换热器效能,其定义式如下[151]:

$$\varepsilon_{IHX} = \frac{\Delta T_{max}}{T_{in,hot} - T_{in,cold}} \tag{2-19}$$

式中　ΔT_{max} ——冷流体或热流体在换热器中实际温差的最大者,K。

为了简化计算,内部热交换器的效能引入 F、G 两参变量,具体计算如下:

$$F = \frac{T_{out,cold} - T_{in,cold}}{T_{in,hot} - T_{in,cold}} \tag{2-20}$$

$$G = \frac{T_{in,hot} - T_{out,hot}}{T_{out,cold} - T_{in,cold}} \tag{2-21}$$

由式(2-19)、式(2-20)、式(2-21)内部热交换器效能的计算可以简化为:

$$\begin{cases} \varepsilon_{IHX} = F & G < 1 \\ \varepsilon_{IHX} = FG & G \geqslant 1 \end{cases} \tag{2-22}$$

2.4.3　跨临界 CO_2 循环的能量分析

能量分析依据能量的数量守恒关系,即热力学第一定律,揭示出能量在数量上转换、传递、利用和损失情况。对于制冷系统,该方法的主要手段就是确定系统的能量利用效率,即系统性能系数,该系数也是通常判断一个制冷系统优劣的重要标准。

能量分析计算中,由已知工况参数,根据能量和质量守恒定律,可以计算出系统各个部件进出口点的状态参数,如 p、T、h 和 s 等,最后根据系统性能系数的定义公式(2-23)计算跨临界 CO_2 循环的性能系数。

$$COP = \frac{收益能}{代价能} = \frac{Q_{evap}}{W_c - W_{ed}} \tag{2-23}$$

式中　Q_{evap} ——系统制冷量,kW, $Q_{evap} = m_{evap} \times (h_{in,evap} - h_{out,evap})$;

W_c——压缩机功耗,kW,单级压缩循环:$W_c = \dot{m}_c \times (h_{out,c} - h_{in,c})$;双级压缩循环:

$$W_c = \dot{m}_{FSC}(h_{out,FSC} - h_{in,FSC}) + \dot{m}_{TSC}(h_{out,TSC} - h_{in,TSC});$$

W_{ed}——膨胀设备的输出功,kW,$W_{ed} = \dot{m}_{ed} \times (h_{out,ed} - h_{in,ed})$。

2.4.4 跨临界 CO₂ 循环的㶲分析

从热力学第二定律分析可知,能量不仅有数量上的不同还有品质的差别,数量相同而形式不同的能量之间的转化能力可以是不同的,因此为了解决这一问题,20 世纪 50 年代,㶲的概念被正式确立。

㶲分析方法依据的是能量中㶲的平衡关系,即热力学第一和第二定律。通过分析,揭示了能量中㶲的转换、传递、利用和损失情况。㶲分析得出的㶲损失,直接反映了系统中各部分不可逆因素引起的做功能力损失,有效指出能量系统用能的薄弱环节,明确相应的用能改进方向,以达到有效利用能源的目标。

(1)㶲的定义

根据热力学第二定律,㶲的定义是在除环境外无其他热源的条件下,当系统由任意状态可逆地变化到与给定的环境相平衡的状态时,能够最大限度转换为有用功的那部分能量,因此,单位质量的工质在某一状态点的㶲为:

$$e = (h - h_0) - T_0(s - s_0) \tag{2-24}$$

(2)㶲损失和㶲效率[152]

① 㶲损失

任何不可逆过程中必然会发生㶲的损失,这些㶲损失的大小揭示了实际过程的不可逆程度。㶲损失越大,不可逆程度越大。㶲损失除根据㶲平衡式计算外,还可以由孤立系统熵增来确定,系统或某一部件的单位质量㶲损失计算如下:

$$i = T_0 \Delta s_{iso} \tag{2-25}$$

② 㶲效率

由于㶲损失是一个绝对量,它无法比较不同工作条件下各个过程或不同系统中㶲的利用程度,为此在㶲分析中广泛使用㶲效率的概念,即系统或部件的代价㶲与收益㶲的比值。

$$\eta_{II} = \frac{E_{ga}}{E_{sup}} \tag{2-26}$$

式中,代价㶲 E_{sup} 和收益㶲 E_{ga} 是输入㶲 E_j 和输出㶲 E_k 的某种线性组合,即:

$$E_{sup} = \sum_j a_j E_j + \sum_k b_k E_k \tag{2-27}$$

$$E_{ga} = \sum_j c_j E_j + \sum_k d_k E_k \tag{2-28}$$

各种不同的㶲效率方案,其区别就在于系数 a_j、c_i、b_k 和 d_k 的数值,而这些系数的取值为:

$$\left.\begin{array}{c} a_j \\ d_k \end{array}\right\} = \left\{\begin{array}{c} 0 \\ -1 \end{array}\right. \tag{2-29}$$

$$\left.\begin{array}{c} b_k \\ c_j \end{array}\right\} = \left\{\begin{array}{c} 1 \\ 0 \end{array}\right. \tag{2-30}$$

（3）跨临界 CO_2 系统各部件㶲损失计算

根据式（2-25），单位质量的 CO_2 在跨临界 CO_2 系统各部件中的㶲损失计算如下：

① 压缩机的㶲损失

$$i_c = T_0(s_{out,c} - s_{in,c}) \tag{2-31}$$

② 气体冷却器的㶲损失

$$i_{gc} = (h_{in,gc} - h_{out,gc}) - T_0(s_{in,gc} - s_{out,gc}) \tag{2-32}$$

③ 膨胀设备的㶲损失

$$i_{ed} = T_0(s_{out,ed} - s_{in,ed}) \tag{2-33}$$

④ 蒸发器的㶲损失

$$i_{evap} = T_0(s_{out,evap} - s_{in,evap} - \frac{q_{evap}}{T_{evef}}) \tag{2-34}$$

式中：

$$q_{evap} = h_{out,evef} - h_{in,evef} \tag{2-35}$$

$$T_{evef} = (T_{in,evef} - T_{out,evef})/\ln(T_{in,evef}/T_{out,evef}) \tag{2-36}$$

⑤ 回热器的㶲损失

$$i_{SLHX} = T_0(s_{out,HP,SLHX} + s_{out,LP,SLHX} - s_{in,HP,SLHX} - s_{in,LP,SLHX}) \tag{2-37}$$

⑥ 中间气体冷却器的㶲损失

$$i_{IGC} = T_0[\dot{m}_{LP,IGC}(s_{out,LP,IGC} - s_{in,LP,IGC}) + (1 - \dot{m}_{LP,IGC})(s_{out,HP,IGC} - s_{in,HP,IGC})] \tag{2-38}$$

⑦ 两路气体混合时的㶲损失

$$i_{mix} = T_0[s_{3,out,mix} - m_{1,in,mix}s_{1,in,mix} - (1 - m_{1,in,mix})s_{2,in,mix}] \tag{2-39}$$

（4）㶲损系数[152]

㶲效率虽然可以指出提高整个系统或设备㶲的利用程度尚有多大潜力，但是不能直接告诉我们整个系统或设备中㶲损失的分布情况及每个部件㶲损失所占的比重大小，为此许多文献[16,94,101]在㶲分析中还引用了㶲损率，即局部㶲损失相对于总㶲损失的比重，这个参数可以清晰地反映出系统中各部件㶲损失的相对大小，并且有明确的含义，不带人为随意性，不受㶲效率如何定义的影响，但是由于各个系统总㶲损失不同，不同系统间的同一种局部㶲损失程度无法相互比较，为了克服这一缺陷，本书应用㶲损系数，即以输入㶲或代价㶲为基准，计算局部㶲损失所占比例。对于跨临界 CO_2 循环系统，㶲损系数计算式如下：

$$\Omega_i = \frac{I_i}{W_c - W_{ed}} \tag{2-40}$$

2.4.5　CO_2 热物理性质的计算

制冷剂的热物理性质是热力学分析的基础，本书在软件 REFPROP7.1 提供的源程序基础上编制了 CO_2 物性的计算程序，针对临界点附近本程序在某些状态点下不收敛的问题，本书又采用 EES 软件计算出了相应的结果并且通过制表方式对其进行了补充。该程序计算出的 CO_2 物性与 NIST 公布的数据进行了详细的比较，误差在 0.1% 以内。

2.5　跨临界 CO_2 循环典型改善措施的计算结果

为了能够较为全面地评估单独采用某一措施对跨临界 CO_2 系统性能的提升潜力，本节

针对 CO_2 系统在空调和制冷等不同的应用领域,选取了三个典型的运行工况,如表 2-1 所示。本章 2.3 节所列的 5 种典型循环的热力学计算结果显示于图 2-12 至图 2-17 中。本节将对计算结果进行分析比较,得出各措施对跨临界 CO_2 系统最优压力,COP 及其循环各个环节中损失的分布的影响情况,从而为找出合适的改进措施和实际系统配置指明方向。

表 2-1 **CO_2 系统的典型运行工况**

工 况	高温工况 I	平均工况 II	低温工况 III
气体冷却器出口温度/℃	50	35	30
蒸发压力/MPa	5.88	3.97	1.62
蒸发器进口温度/℃	21.1	5	−26.1

图 2-12 显示了各循环在所研究工况下的最大 COP。比较发现,采用膨胀机替代节流阀方式对基本 SC 循环的 COP 改善最为明显,尤其在高温工况下。当膨胀机效率为 60% 时,SCE 循环提高了 28%~45%,膨胀机效率为 30% 时,提高 12%~19%。采用加入回热器的方式,只在高温工况时对基本 SC 循环 COP 有较为明显的提高,SCSLHX 循环 COP 约有 15% 的提高,在其他研究工况下反而有所降低。两级压缩循环加入经济器的方式在高温工况下很不理想,但在平均工况和低温工况下有较好的改善效果,TCFGB 循环分别提高了 15% 和 28%。除采用膨胀机的方式,节流阀前加入辅助气体冷却器的分流方式相对于其他方式对循环性能的改善最为稳定,TCIGc 循环提高了 14%~21%。压缩机级间加入冷却器的方式在三种工况下对循环性能的提高均不大,TCIC 循环的提高幅度小于 10%。

跨临界 CO_2 循环较高的运行压力有助于减小系统尺寸,使整个系统更趋于紧凑,但由此引起的安全运行问题也倍受人们关注,所以在提高整个 CO_2 循环系统性能的同时人们并不希望引起运行压力的显著提高。本书给出了各个改善措施的典型循环的最优高压侧压力,即气体冷却器进口处的压力,如图 2-13 所示。从图上首先可以看出采用两级压缩中间加冷却器的方式对最优高压的影响最为显著,TCIC 循环在高温达到了约 14 MPa,比基本 SC 循环高出了 1 MPa,提高了 7%,在平均和低温工况下,TCIC 循环的最优高压虽然低于 10 MPa,但也分别提高了 12% 和 5%。其他改善的循环都在不同程度上降低了最优高压压力,其中 SCSLHX 循环在高温工况下的最优高压压力低于 12 MPa,比 SC 循环降低了 8%。

压缩机的排气温度过高,对润滑油的黏度影响较大,可降低润滑油的润滑效果,甚至会结炭,从而恶化压缩机的工作条件,降低压缩机的性能,严重时出现拉缸等事故,因此,书中给出了最优高压压力时各循环在三种工况下压缩机的最高排气温度变化,如图 2-14 所示。从图中可以看出低温工况下压缩机的排气温度明显高于其他两种工况,这主要是因为低温工况下压缩机压比较其他工况大。单级压缩循环压缩机的排气温度要高于双级压缩循环,这是因为采用两级压缩降低了每级压缩机的压比,且级间加入了冷却措施。此外,SCSLHX 循环明显高于其他循环,在低温工况时压缩机的排气温度达到了将近 160 ℃,而 TCIC 循环压缩机的排气温度基本上最低,即使在低温工况下也没有超过 100 ℃。

炯效率由于是以理想卡诺循环作为基准,其大小反映了实际循环与理想卡诺循环的接近程度,所以不同循环和同一循环不同工况之间都具有可比性。图 2-15 给出了最优压力下各循环的炯效率。可以看出,各个循环在低温工况下较其他工况更接近理想循环,而在高

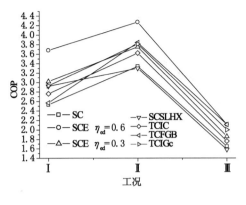

图 2-12 各循环最大 COP

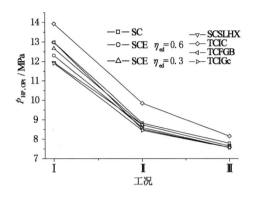

图 2-13 各循环最优高压侧压力

温工况 I 下的㶲效率最小,只有 8% 左右。这与图 2-12 所反映的 COP 有很大差异。循环的 COP 反映了系统制取冷量的难易程度,COP 越小代表制取相同冷量所需要花费的代价能越多,而循环的㶲效率则反映了输入功的损失程度,㶲效率越小说明循环中的损失越大,因此,从㶲分析的角度出发可以得出,跨临界 CO₂ 循环在高温工况 I 下更需要采用措施以减小各部件损失,提高其效率。比较各循环之间的㶲效率发现,虽然㶲效率和 COP 在不同工况下的变化趋势不尽相同,但每种改善措施对循环㶲效率的影响及幅度与对 COP 的影响完全一致,这主要是 COP 和㶲效率之间存在着一定关系的缘故,即㶲效率等于实际循环 COP 和理想卡诺循环 COP 的比值。

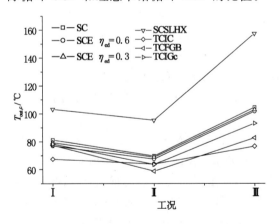

图 2-14 最优压力下压缩机的最高排气温度

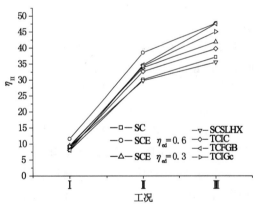

图 2-15 最优压力下各循环的㶲效率

图 2-16 给出了平均工况 II 下,各循环 COP 增长随压缩机等熵效率的变化,图中横坐标为压缩机的等熵效率,纵坐标为等熵效率对应的 COP 与 COP_ref(压缩机等熵效率为 50% 下的该循环的 COP)的比值。本书 2.4.2 小节提到目前 CO₂ 压缩机的等熵效率一般在 50%～60%,还有较大的提升空间。图 2-16 反映出,随着压缩机等熵效率的逐渐增大,各循环的 COP 基本呈线性增加,但是提升幅度存在一定的差异,压缩机等熵效率从 0.5 提高到 1,SCE 循环的提升幅度最大,当膨胀机效率等于 60% 时,COP 比 SC 循环多提高了 27%,在膨胀机效率等于 30% 时,COP 仍多提高 12%,TCFGB 和 TCIGc 循环多提高 8%,TCIC 和 SCSLHX 循环则和 SC 循环的提升幅度一致。

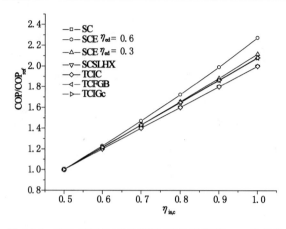

图 2-16　平均工况Ⅱ下各循环 COP 增长随 $\eta_{is,c}$ 的变化

图 2-17 给出了最优压力下循环主要部件的㶲损系数,其中图 2-17(c)显示的膨胀设备指膨胀机或节流阀装置,针对带有辅助节流阀的两级压缩循环还包括了辅助节流阀处的㶲损失,图 2-17(e)显示的损失则指由于改善措施的采用而引起的㶲损失。从图上可以看出,基本 SC 循环的主要损失集中在节流装置处,损失了 45%～30% 的输入功,并且在高温工况Ⅰ下明显高于其他两种工况,气体冷却器处的损失随工况变化较为明显,范围分别在 31%～12%,压缩机和蒸发器的损失波动则很小,基本上在 14% 和 7% 左右,因此,改善基本 SC 循环性能的最主要任务就是减小节流装置处的损失。图中比较各循环,发现采用膨胀机方式的 SCE 循环和采用回热方式的 SCSLHX 循环减小节流损失的程度最明显,SCE 循环当膨胀机效率为 60% 时可减小至 23%～15%,SCSLHX 循环减小到 23%～17%,但是由前面分析发现 SCSLHX 循环只有在高温工况Ⅰ可以改善 SC 循环性能,从图 2-17 中分析原因发现采用回热器提高了压缩机的进气口温度,引起了压缩机排气温度的显著提高,导致气体冷却器的损失大大增加,如图 2-17(b)所示,SCSLHX 循环中气体冷却器的损失达到了 41%～21%,远高于其他循环。

两级循环中,TCIC 循环性能的提高主要是通过降低气体冷却器的损失,如图 2-17(b)所示,由于采用级间冷却方式大大降低了 2nd 压缩机的排气温度,减小了换热器与环境的温差,从而将气体冷却器的损失显著降低至 10% 以内,加上级间冷却器的损失,气体冷却器的㶲损系数在 26%～8%,在所有研究的循环中也是最低的。TCFGB 和 TCIGc 循环主要是通过减小节流装置的损失来改善系统性能,TCFGB 循环是先节流超临界区的 CO_2 进入亚临界区,再进行气液分离以降低主节流装置前 CO_2 的干度,从而减小主节流装置的节流损失,TCIGc 循环则是通过辅助循环进一步冷却主循环节流装置前 CO_2 的方式来实现,从图 2-17(c)可以看出,TCFGB 和 TCIGc 循环节流装置(包括辅助节流装置和主要节流装置)的损失分别为循环输入功的 42%～21% 和 35%～19%。虽然 TCFGB 和 TCIGc 循环都采用了级间混入低温气体的方式来降低 2nd 压缩机排气温度,但由于引入的低温气体来自辅助循环,相对流量小,2nd 压缩机排气温度无法较大幅度的降低,加上级间混合引起的损失,气体冷却器的㶲损系数分别为 31%～10% 和 35%～14%,改善不大。

根据前面的分析可以发现,采用膨胀机替代节流阀并回收膨胀功的方式是其中最理想的改善措施,因此,本章将重点分析带膨胀机循环的特性,为将来整合膨胀机进入系统的研

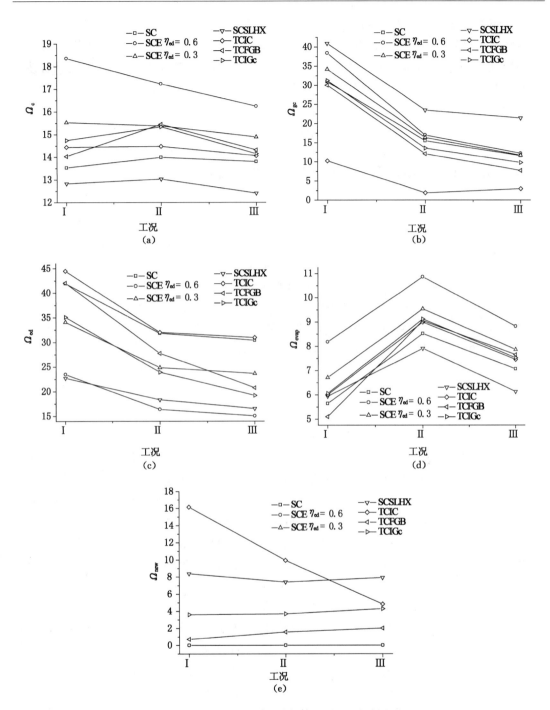

图 2-17　最优压力下，循环主要部件的烟损系数

（a）压缩机烟损系数；（b）气体冷却器烟损系数；（c）膨胀设备烟损系数；

（d）蒸发器烟损系数；（e）新增烟损系数

究提供依据。循环中加入回热器方式虽然明显减少了节流损失，但是压缩机出口温度的显著提高，大大增加了气体冷却器的损失，导致其仅在高温工况下才有较好的改善效果，这一点目前还没有看到相关文献报道,因此,回热循环方式也是本章的一个研究重点。循环中加入经济器的循环或者加入辅助气体冷却器的分流循环方式可以较好降低节流损失,提高系统性能,但是由于只有部分 CO_2 工质进入蒸发器参与换热,制冷能力有所降低,这两种改善措施已有相关文献[66,91,153,154]对其进行了详细的研究。两级压缩级间冷却的方式虽然提高了最优高压压力,但提高幅度不大,另外该方式是通过减少在气体冷却器的损失来提高循环性能,因此,可以和其他方式结合进一步提高系统的性能。

2.6 带膨胀机的跨临界 CO₂ 循环的特性研究

2.6.1 循环参数的灵敏度

在进行系统参数的特性研究之前,首先引入参数灵敏度概念,即 COP 的变化百分比随被研究参数的变化。它反映了被研究参数对系统 COP 的影响程度,其值大于零时表示 COP 随被研究参数的增大而升高,小于零时则表示相反的情况,与零值的偏离程度表示影响程度,越远说明影响越严重,COP 随参数的变化越迅速。参数灵敏度的引入使得在不同工况下不同 COP 时,参数对 COP 的影响程度具有一定的可比性,为分析比较各个被研究参数对 COP 的影响提供了方便。参数灵敏度定义式为:

$$\text{Parametric Sensitivity} = \frac{d(\text{COP}(\%))}{d(\text{Paremeter})} \approx \frac{\Delta(\text{COP}(\%))}{\Delta \text{Paremeter}} \tag{2-41}$$

式中,ΔParemeter 取微小变量。

2.6.2 循环参数及损失对循环效率的影响

跨临界 CO₂ 带膨胀机的循环具有多种形式,理论上讲所有采用节流阀的循环均可由膨胀机代替,但是通过膨胀机调节循环系统的流量和运行压力要远远困难于采用节流阀的调节[155],过于复杂的循环形式不但提高了系统的初投资,而且势必增大系统运行的控制难度,提高运行成本。此外,从前面的研究可知,膨胀机替代节流阀是减小节流损失的最佳方法,如果仍然与其他以减小节流损失为主的措施结合,可能会降低膨胀机的改善效果,特别是在膨胀机的效率较高的情况下,因此,本节将两级压缩带级间冷却器的循环方式作为一个研究重点。

本节研究的带膨胀机循环形式主要包括:① 单级压缩带膨胀机循环(SCE,如图 2-1 所示);② 两级压缩带级间冷却器和膨胀机单独驱动 2ⁿᵈ 压缩机循环(Two-stage Cycle with an Intercooler and an Expander Driving a 2nd Compressor alone,简称 TCICEDSC,如图 2-18(a)所示);③ 两级压缩带级间冷却器和膨胀机单独驱动 1ˢᵗ 压缩机循环(Two-stage Cycle with an Intercooler and an Expander Driving a 1st Compressor alone,简称 TCICEDFC,如图 2-18(b)所示);④ 两级压缩带级间冷却器和膨胀机辅助驱动压缩机循环(Two-stage Cycle with an Intercooler and an Expander Driving a Compressor partly,简称 TCICEDC,如图 2-18(c)所示)。

(1)高压侧压力的影响

许多文献研究发现跨临界 CO₂ 循环存在一个最优的高压压力,在此压力下运行,循环的 COP 最大,但是在实际应用中,由于周围环境的不断变化,很难维持系统在最佳的高压压力下运行,此外,根据目前相关文献对 CO₂ 膨胀机的研究报告可知,膨胀机对系统流量的调节

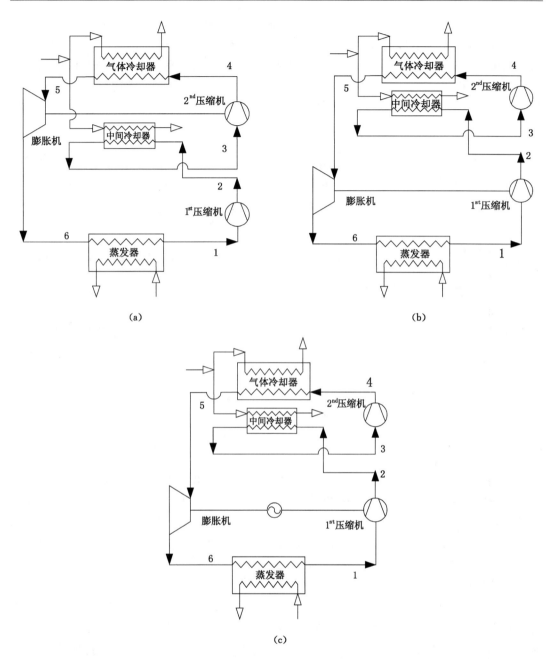

图 2-18　带膨胀机的循环示意图

(a) TCICEDSC 循环；(b) TCICEDFC 循环；(c) TCICEDC 循环

能力远不如节流阀,因此有必要研究高压侧压力的影响,以便寻找出一个合理的控制范围,从而降低实际应用中所必需的控制精度。

图 2-19 显示了不同气体冷却器出口温度和蒸发器进口温度下,带膨胀机循环的 $p_{in,gc}$ 对 COP 的影响,其中图中上半部分为 $p_{in,gc}$ 灵敏度的变化,下半部分则是 COP 值随 $p_{in,gc}$ 的变化情况,对于 TCICEDC 循环,COP 为最优级间压力下的值。从图中可以看出,COP 未达到最大值时,即 COP 随 $p_{in,gc}$ 的升高而增大的过程中,$p_{in,gc}$ 的灵敏度偏离零值很远,随 $p_{in,gc}$

的升高,其值迅速减小,并在 COP 达到最大值时等于零,在随后的 COP 随 $p_{in,gc}$ 的升高而逐渐减小的过程中,$p_{in,gc}$ 的灵敏度偏离较小,并且变化不大。这说明 $p_{in,gc}$ 在前半程对 COP 的影响显著,且与 CO_2 的临界压力越接近,影响越严重,而在后半程 $p_{in,gc}$ 对 COP 的影响相对较弱,且影响程度比较稳定。此外,气体冷却器出口温度和蒸发器进口温度变化时,$p_{in,gc}$ 对 COP 的影响程度在其小于最优压力范围内的变化较明显,两者温度越高,$p_{in,gc}$ 对 COP 的影响程度越大。

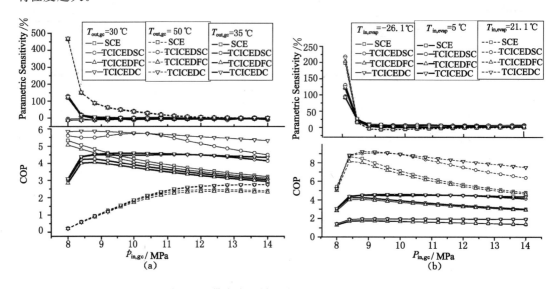

图 2-19　带膨胀机循环的 $p_{in,gc}$ 对 COP 的影响
(a) $T_{in,evap} = 5$ ℃;(b) $T_{out,gc} = 35$ ℃

从图 2-19 中还可以看出,同一工况下,各个循环对 COP 的改善程度存在差异,按照从大到小的顺序依次为 TCICEDC、TCICEDSC、SCE 和 TCICEDFC 循环。此外,不同的循环形式,COP 随 $p_{in,gc}$ 的变化快慢也不相同,尤其在 $p_{in,gc}$ 高于最优压力的情况下。COP 达到最大值时,继续升高 $p_{in,gc}$ 值,TCICEDC 循环的 COP 减少得最慢,其次为 TCICEDSC 循环,SCE 和 TCICEDFC 则减小得最快。如蒸发器进口温度 5 ℃,气体冷却器进口温度 35 ℃时,各循环的最优压力均为 8.8 MPa,继续升高 $p_{in,gc}$ 直到最大计算值 14 MPa,TCICEDC、TCICEDSC、SCE 和 TCICEDFC 循环的 COP 分别减小了 5.5%、7.7%、28.7% 和 24.4%。由此可以得出,针对带膨胀机的循环,在两级压缩循环加入级间冷却器的方式可以有效提高循环的 COP 并且延缓循环 COP 随 $p_{in,gc}$ 的升高而降低的速度。但是对于膨胀机单独驱动 1st 压缩机的循环形式,级间冷却器的采用适得其反,会大大降低 COP 值,分析其主要原因在于受到膨胀功的限制,CO_2 通过 1st 压缩机提升的压差小,排气温度低,甚至低于级间冷却器的第二流体的入口外温度,造成级间冷却器失效,同时 CO_2 通过级间冷却器产生的压降又会增加 2nd 压缩机的功耗,因此降低了循环的 COP。

根据文献[159],本书给出各循环 COP 的变化范围为 2.5%,图 2-20 给出了不同蒸发器进口温度和气体冷却器出口温度下,带膨胀机循环 $p_{in,gc}$ 的变化范围及其相应 q_v 的变化情况。图中上半部分纵坐标为 q_v 和 q_{ref}(循环最优压力下的比容积制冷量)比值,下半部分中间虚线代表 COP_{max},两侧虚线则是 COP 减小最大值的 2.5%。从图中可以看出,SCE 和

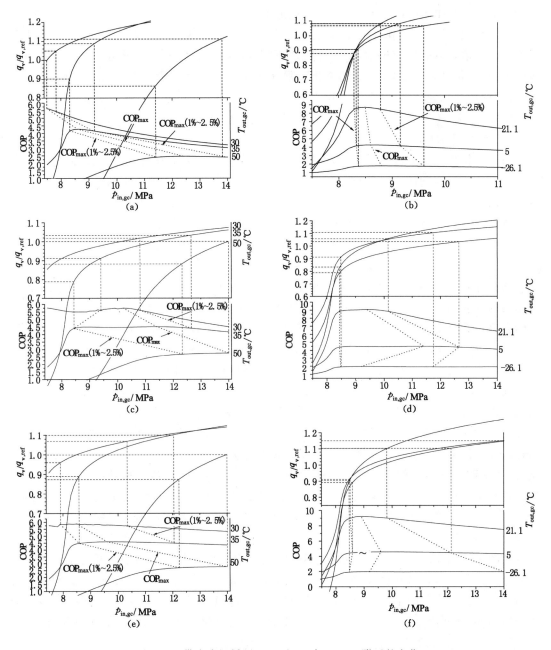

图 2-20　带膨胀机循环 $p_{in,gc}$ 和 q_v 在 COP_{max} 附近的变化

(a) SCE 循环($T_{in,evap}=5\ ℃$)；(b) SCE 循环($T_{out,gc}=35\ ℃$)；

(c) TCICEDSC 循环($T_{in,evap}=5\ ℃$)；(d) TCICEDSC 循环($T_{out,gc}=35\ ℃$)；

(e) TCICEDC 循环($T_{in,evap}=5\ ℃$)；(f) TCICEDC 循环($T_{out,gc}=35\ ℃$)

TCICEDC 循环 $p_{in,gc}$ 的变化范围，随着 $T_{out,gc}$ 的升高而增大，随 $T_{in,evap}$ 的升高而减小，TCI-CEDSC 循环由于受到级间压力偏离其最优值的影响，$p_{in,gc}$ 的变化范围随着 $T_{out,gc}$ 和 $T_{in,evap}$ 的升高出现先增大后减小的现象。通过比较可以看出，TCICEDC 和 TCICEDSC 循环 $p_{in,gc}$ 的变化范围总体上要大于 SCE 循环，如平均工况下，即 $T_{in,evap}=5\ ℃$，$T_{out,gc}=35\ ℃$，SCE、

TCICEDC 和 TCICEDSC 循环的 $p_{in,gc}$ 变化范围分别为 0.83 MPa、3.5 MPa 和 4.23 MPa。从图可以看出，$T_{out,gc}$ 对 $p_{in,gc}$ 变化的上下限均有较大影响，而 $T_{in,evap}$ 仅对 $p_{in,gc}$ 的变化上限有明显的影响，如图 2-20(b)、(d) 和 (f) 所示，虽然 $T_{in,evap}$ 从 -26.1 ℃升高 21.1 ℃，出现了较大的变化，但是每个循环 $p_{in,gc}$ 的变化下限却变化很小，之间的最大差值在 0.11 MPa。此外，根据图中显示还看到，各循环在得出的变化范围内变化时，其比容积制冷量 q_v 的变化主要集中在 -15%~10% 范围内，且变化趋势与 $p_{in,gc}$ 基本一致。

（2）级间压力的影响

对于两级压缩级间冷却的循环，级间压力不同直接影响到总压缩功耗的大小，进而影响 COP，因此，研究级间压力对系统的影响情况对系统设计与运行及其高低级压缩机的匹配具有一定的指导意义。

图 2-21 给出了高压压力 10 MPa，气体冷却器和级间冷却器出口温度 35 ℃时，不同蒸发器进口温度下，TCICED 循环级间压力对 COP 的影响，图中上半部分为级间压力灵敏度的变化，下半部分是 COP 的变化。从图中发现，级间压力灵敏度在 8.2 MPa 附近出现一个向上的突变，在达到突变峰值后，灵敏度迅速降低。向上突变幅度和下降幅度均随蒸发器进口温度的升高而增大。该现象在 COP 图上表现为 COP 峰值的出现，且随着蒸发器进口温度的升高，COP 在峰值附近随级间压力的变化越快，如图 2-21 所示，蒸发器进口温度分别为 -15 ℃和 5 ℃时，COP 从峰值处减小 2.5%，级间压力分别变化 1.81 MPa 和 0.62 MPa。级间压力的灵敏度在突变前逐渐降低，并随蒸发器进口温度降低呈现整体下降趋势，COP 随级间压力的增速减缓，当灵敏度从正到负穿过零值时，COP 呈现双峰值，如图 2-21 所示蒸发器进口温度 -26.1 ℃情况。突变现象的出现主要是受到超临界 CO_2 在临界点附近的假临界温度现象影响，在假临界温度附近 CO_2 焓值随压力的升高剧烈变化，造成 2nd 压缩机功耗随级间压力的变化率在假临界温度附近突然增大所致，如图 2-22 所示。总压缩功的变化由 1st 和 2nd 压缩机功的变化共同影响，蒸发器进口温度降低，1st 压缩机功在整个级间压力升高过程中对总压缩功的影响逐渐增大，其在图 2-22 表现为 1st 压缩机功变化率的整体上移，与 2nd 压缩机功突变时的变化率差值逐渐缩小，致使 COP 和级间压力灵敏度的突变逐渐减弱直至消失。

从图 2-21 中还发现，级间压力很小时，级间压力灵敏度基本保持在零值附近，COP 不受级间压力的影响，当级间压力增大到某一值时，灵敏度突然增大，COP 开始随级间压力升高而增大。这一现象的出现主要是因为级间压力过低，1st 压缩机排气温度低于级间冷却器的冷媒温度，级间冷却器失效所致。由此可以看出，对于级间无冷却的两级压缩循环，级间压力对 COP 的影响不大。

CO_2 假临界温度主要与压力有关，压力升高，假临界温度增大，同时相应的最大定压比热迅速减小，当实际压力远离假临界点压力时，其定压比热也迅速减小（如图 2-23 所示），CO_2 焓值随压力的变化减小[160,161]，因此，可以得出突变发生的位置和突变程度主要与级间冷却器出口温度相关，如图 2-24 所示，高压压力 10 MPa，蒸发器进口温度 -26.1 ℃，气体冷却器出口温度 35 ℃时，级间冷却器出口温度分别为 35 ℃和 40 ℃下，级间压力的灵敏度突变分别发生在 8.2 MPa 和 8.7 MPa 附近，并且在 40 ℃下的突变仅有快速下降阶段，在 COP 图上已无明显表现，级间冷却器出口温度 50 ℃时，突变完全消失。从图 2-23 可以看出，压力在 7~14 MPa 范围内对应的假临界温度为 29~60 ℃，当假临界温度在 40 ℃以上

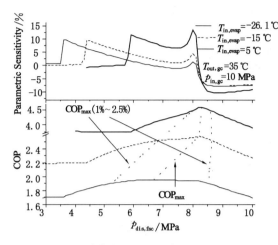

图 2-21　不同蒸发器进口温度下,TCICED 循环级间压力对 COP 的影响

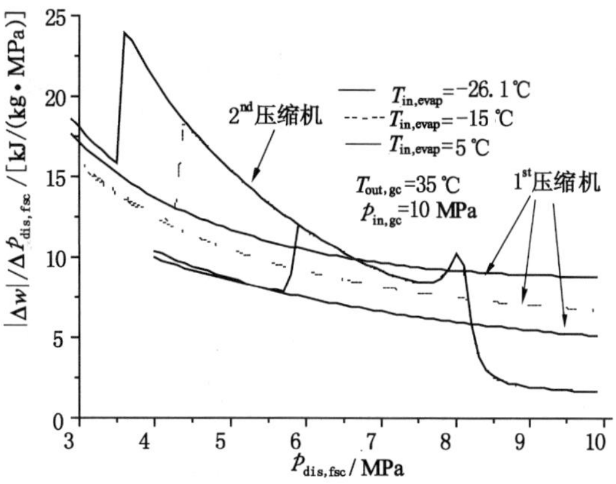

图 2-22　不同蒸发器进口温度下,1ˢᵗ 和 2ⁿᵈ 单位质量压缩功随级间压力的变化率

时,这一现象对系统 COP 影响不大,因此当级间冷却器出口温度在 40 ℃ 以下时,要注意假临界温度现象对系统的影响。

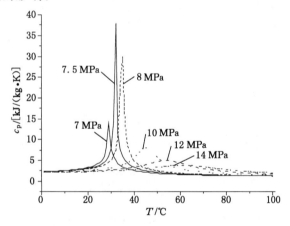

图 2-23　定压比热随温度变化[161]

图 2-25 给出了高压压力 10 MPa,蒸发器进口温度 −26.1 ℃,级间冷却器出口温度 35 ℃ 时,不同气体冷却器出口温度时,TCICED 循环级间压力对 COP 的影响。从图中可以看出,级间压力的灵敏度变化完全一致,COP 随气体冷却器出口温度不同呈现整体的上下移动,说明级间压力对 COP 的影响与气体冷却器出口温度无关。主要是因为气体冷却器出口温度仅仅影响系统单位质量制冷量,而不会影响压缩机的工况,如图 2-26 所示,1ˢᵗ 和 2ⁿᵈ 单位质量压缩功随级间压力的变化率完全一致。

图 2-27 给出了气体冷却器和级间冷却器出口温度 35 ℃,蒸发器进口温度 −26.1 ℃ 时,高压压力分别为 9 MPa、10 MPa 和 12 MPa 下,级间压力对 COP 的影响。从图中可以看出,高压压力升高,级间压力的灵敏度值增大,从而灵敏度由正到负穿越零值时对应的级间压力升高,在 COP 图上最大 COP 对应的级间压力升高。这主要是因为高压压力升高,2ⁿᵈ 压缩功的变化对总压缩功的影响增大,在图 2-28 上表现为高压压力升高,2ⁿᵈ 压缩功随级

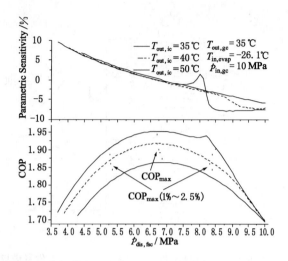

图 2-24 不同级间冷却器出口温度下，TCICED 循环级间压力对 COP 的影响

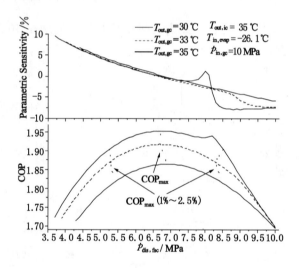

图 2-25 不同气体冷却器出口温度下，TCICED 循环级间压力对 COP 的影响

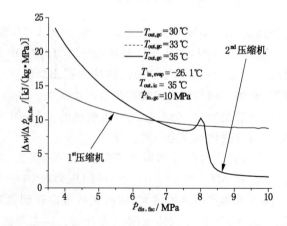

图 2-26 不同气体冷却器出口温度下，1st 和 2nd 单位质量压缩功随级间压力的变化率

间压力的变化率增大,与 1st 压缩功变化率的差值增大。从图 2-27 还可以看出,高压压力升高,级间压力的灵敏度突变幅度增大,COP 在突变处的峰值更加明显,级间压力在峰值处对 COP 的影响增大。

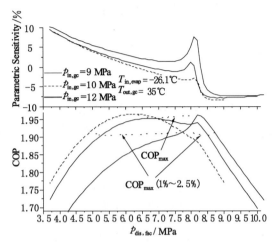

图 2-27 不同高压压力下,TCICED 循环级间压力对 COP 的影响

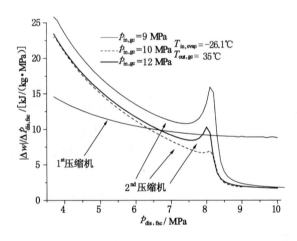

图 2-28 不同高压压力下,1st 和 2nd 单位质量压缩功随级间压力的变化率

(3)级间冷却器出口温度的影响

图 2-29 给出了气体冷却器出口温度 35 ℃,不同蒸发器进口温度下,级间冷却器出口温度对最大 COP 的影响。从图 2-29(b)中可以看出,级间冷却器出口温度在 50 ℃ 以上时,其灵敏度趋于稳定且偏离零值很小,在 0.4 附近,这说明 COP 随级间冷却器出口温度的变化不大且比较稳定。级间冷却器出口温度在 35～40 ℃ 范围内,不同的蒸发器进口温度下,级间冷却器出口温度的灵敏度变化不同,如图 2-29 所示,蒸发器进口温度为 −26.1 ℃ 时,灵敏度在 −0.25～−0.5 范围内变化,说明 COP 受级间冷却器出口温度影响较小,当蒸发器进口温度为 5 ℃ 和 21.1 ℃ 时,级间冷却器出口温度在 35 ℃ 时的灵敏度分别在 −2.5 和 −4 附近,随着级间冷却器出口温度的升高迅速接近零值,说明 COP 开始时减小较快,随着级间冷却器出口温度升高,其降低速度迅速减小,蒸发器进口温度越高这一现象越明显。

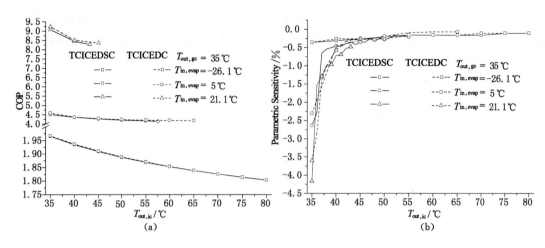

图 2-29　不同蒸发器进口温度下，级间冷却器出口温度的影响
(a) COP 变化；(b) 灵敏度变化

图 2-29 中比较 TCICEDSC 和 TCICEDC 循环可以看出，两个循环的 COP 非常接近，并且随级间冷却器出口温度的变化趋势也非常一致。在级间冷却器出口温度的计算范围内，两循环 COP 在蒸发器进口温度为 $-26.1\ ℃$、$5\ ℃$ 和 $21.1\ ℃$ 时分别平均相差 0.6%、0.2% 和 1.4%。

图 2-30 显示了蒸发器进口温度 $-26.1\ ℃$，不同气体冷却器出口温度下，级间冷却器出口温度对最大 COP 的影响。从图中可以看出，级间冷却器出口温度对 COP 的影响在不同气体冷却器出口温度下的变化相对于不同蒸发器进口温度下情况较小，随着级间温度的升高，COP 逐渐减小，且减小速度呈现减缓趋势。通过比较还可以看到，TCICEDSC 和 TCICEDC 的最大 COP 在不同的级间冷却器出口温度下非常接近，且变化趋势也基本保持一致。在气体冷却器出口温度 30 ℃、35 ℃ 和 50 ℃ 下，COP 分别平均相差 0.15%、0.06% 和

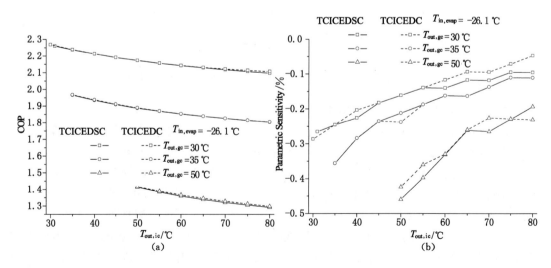

图 2-30　不同气体冷却器出口温度下，级间冷却器出口温度的影响
(a) COP 变化；(b) 灵敏度变化

0.46％。

图 2-31 给出了不同气体冷却出口温度和蒸发器进口温度下,级间冷却器出口温度对最优气体冷却器进口压力和 1ˢᵗ 压缩机排气压力的影响。从图中可以发现,在不同的气体冷却器出口温度下,各循环的最优压力受级间冷却器出口温度的影响不大,但是蒸发器进口温度不同时,级间冷却器出口温度对最优压力的影响也不相同。如图 2-31(b)显示,蒸发器进口温度 −26.1 ℃时,最优压力随级间冷却器出口温度的升高变化不大,但是当蒸发器进口温度为 5 ℃和 21.1 ℃时,最优压力在级间冷却器出口温度为 35～40 ℃范围内时变化比较剧烈,最优气体冷却器进口压力最大变化幅度可达 2.6 MPa,级间冷却器出口温度在 40 ℃以上时,最优压力则基本保持稳定。这也是图 2-29 中显示的级间冷却器出口温度对循环 COP 的影响发生变化的原因。

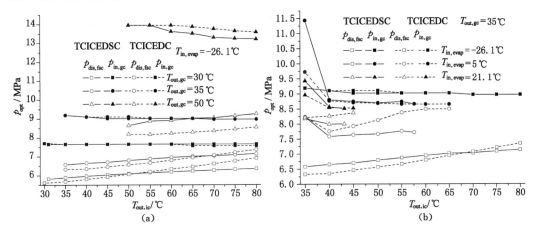

图 2-31　级间冷却器出口温度对最优级间压力和高压压力的影响

(a) 不同气体冷却器出口温度;(b) 不同蒸发器进口温度

(4) 蒸发器进口温度的影响

图 2-32 给出了级间冷却器出口温度 50 ℃,气体冷却器出口温度 30 ℃和 35 ℃下,蒸发器进口温度在 −25～20 ℃范围内变化时对 COP 的影响。可以看出在蒸发器进口温度较低时,其对 COP 的影响相对较小,蒸发器进口温度在 −25～−10 ℃,灵敏度处于 2～3 之间,COP 增长缓慢,随着蒸发器进口温度升高,COP 受其影响逐渐变大,且在不同气体冷却器出口温度下的差异也逐步扩大,气体冷却器出口温度为 30 ℃和 35 ℃,蒸发器进口温度在 20 ℃时的灵敏度分别为 8.8 和 5.9,是在 −25 ℃时的 3.3 倍和 2.2 倍。

图 2-33 给出了相应工况下,蒸发器进口温度对最优气体冷却器进口压力和最优 1ˢᵗ 压缩机排气压力的影响。可以看出,最优气体冷却器进口压力随蒸发器进口温度升高而减小,但是变化幅度很小,气体冷却器出口温度 35 ℃,蒸发器进口温度从 −25 ℃升至 20 ℃,最优气体冷却器进口压力减小了 7％,约为 0.6 MPa。对于 TCICEDSC 和 TCICEDC 循环,最优 1ˢᵗ 压缩机排气压力则有较为明显的升高,使得 2ⁿᵈ 压缩机的压差逐渐减小,蒸发器进口温度在 15～20 ℃时,2ⁿᵈ 压缩机的压差只有 0.1～0.3 MPa,采用两级压缩的循环方式无明显改善效果。

(5) 气体冷却器出口温度的影响

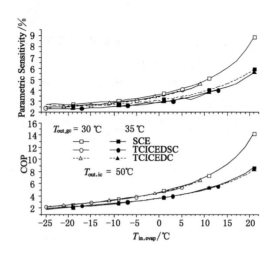

图 2-32　蒸发器进口温度对循环性能的影响

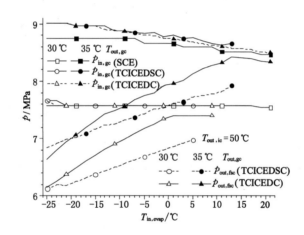

图 2-33　蒸发器进口温度对最优压力的影响

图 2-34 给出了级间冷却器出口温度 50 ℃,蒸发器进口温度 −26.1 ℃和 5 ℃,气体冷却器出口温度在 31∼50 ℃范围内变化时对最大 COP 的影响。从图中可以看出,各带膨胀机循环最大 COP 随气体冷却器出口温度的升高逐渐降低,但减小的速度逐步变缓。分析气体冷却器出口温度的灵敏度变化可以发现,蒸发器进口温度降低,气体冷却器出口温度对最大 COP 的影响程度减弱。TCICEDSC 和 TCICEDC 循环中气体冷却器出口温度对 COP 的影响程度小于 SCE 循环。从图中还以发现,在给出的两个计算工况下,TCICEDSC 和 TCICEDC 循环的 COP 在整个气体冷却器出口温度的变化范围内始终保持非常接近,蒸发器进口温度 −26.1 ℃和 5 ℃下的平均偏差分别为 0.16％和 0.45％。蒸发器进口温度 −26.1 ℃下,TCICEDSC 和 TCICEDC 循环的性能较 SCE 循环有较明显的改善,平均提高 11.8％,且气体冷却器出口温度越高,改善越明显。蒸发器进口温度 5 ℃时,TCICEDSC 和 TCICEDC 循环的性能只有在气体冷却器出口温度在 37 ℃以上时才优于 SCE 循环,且平均提高只有 5.5％。因此,随着蒸发器进口温度的提高采用两级压缩中间冷却循环方式对系统

的改善优势逐步减弱甚至消失。

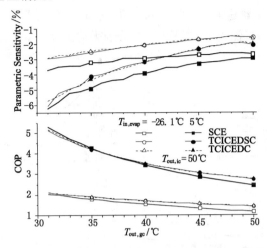

图 2-34 气体冷却器出口温度对循环性能的影响

图 2-35 是相应工况下,气体冷却器出口温度对最优气体冷却器进口压力和最优 1ˢᵗ 压缩机排气压力的影响。从图中可以看出,最优气体冷却器进口压力和最优 1ˢᵗ 压缩机排气压力均随气体冷却器出口温度升高而增大,气体冷却器出口温度从 31 ℃升至 50 ℃,最优气体冷却器进口压力升高了 82%,约 6.3 MPa,明显高于蒸发器进口温度的影响。TCICEDSC 和 TCICEDC 循环的最优气体冷却器进口压力高于 SCE 循环,且气体冷却器出口温度越高,差异越大。

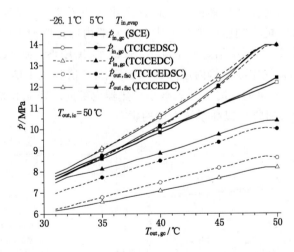

图 2-35 气体冷却器出口温度对最优压力的影响

(6)膨胀机效率的影响

图 2-36 显示了级间冷却器出口温度 50 ℃,不同蒸发器进口温度和气体冷却器出口温度下,膨胀机效率对各循环性能的影响。从图中可以发现,COP 随膨胀机效率提高而升高的速度逐渐加快,但是 TCICEDSC 循环呈现相反的趋势,分析其主要原因是 2ⁿᵈ 压缩机完全由膨胀机驱动促使级间压力偏离最优值。蒸发器进口温度降低和气体冷却器出口温度升

高,膨胀机效率对 COP 的影响增加,SCE、TCICEDSC 和 TCICEDC 循环中,膨胀机效率对 COP 的影响程度在蒸发器进口温度－26.1 ℃比 5 ℃分别平均提高 8.6%、31.3%和 10.2%,在气体冷却器出口温度 50 ℃比 30 ℃分别平均提高 51.7%、71.1%和 47.5%。

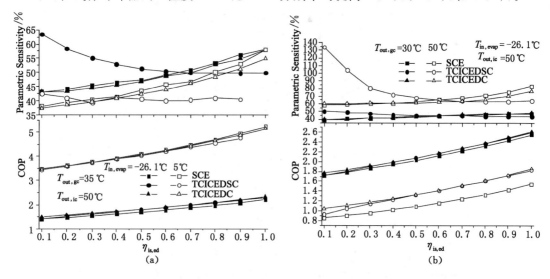

图 2-36　膨胀机效率对循环性能的影响

(a) 不同蒸发器进口温度;(b) 不同气体冷却器出口温度

(7) 换热器压降损失的影响

图 2-37 显示了气体冷却器和级间冷却器出口温度为 35 ℃,蒸发器进口温度 5 ℃时,气体冷却器和蒸发器压降对循环性能的影响。从图中可以看出,随着压降的增加,COP 逐渐减小,但是压降对 COP 的影响程度变化不大。蒸发器内部压降对 COP 的影响力明显高于气体冷却器内部的压降,在图中给定的工况下,SCE、TCICEDSC 和 TCICEDC 循环中,蒸发器内压降影响力分别是气体冷却器内压降的 2.5 倍、8.8 倍和 6.1 倍。因此,在两器的设计中,在提高换热器换热效率的同时要注意减小换热器内部的压降尤其是对蒸发器的设计。

(8) 膨胀过程和功回收对提高系统性能的贡献

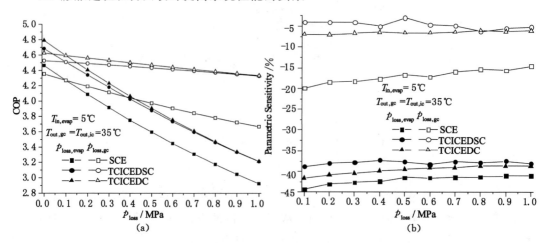

图 2-37　气体冷却器和蒸发器压降对循环性能的影响

带膨胀机循环通过采用膨胀过程减小节流损失增大制冷量和功回收降低输入功耗这两种途径来改善系统的性能。对这两种途径各自对提高系统性能所做的贡献进行比较,可以认清系统性能得到改善的主要来源,有助于在跨临界 CO₂ 带膨胀机循环性能改善的研究中,提出有针对性的改善措施,最大可能地提高系统性能。

图 2-38 给出了以 SC 循环作为基本循环,各循环达到最大 COP 时,膨胀过程和功回收两种途径对提高系统性能的贡献比随膨胀机效率、蒸发器进口温度、气体冷却器出口温度和级间冷却器出口温度的变化。图 2-38(a)显示气体冷却器和级间冷却器出口温度 35 ℃,蒸发器进口温度 5 ℃,膨胀机效率在 0.1～1.0 范围变化,SCE、TCICEDSC 和 TCICEDC 循环的功回收贡献比的平均值分别为 83％、63％和 58％,随膨胀机的效率升高,功回收的贡献比提高。TCICEDSC 和 TCICEDC 循环在膨胀机效率小于 0.3 时,性能的改善主要来自于膨胀过程,但是随着膨胀机效率的提高,功回收的作用趋于明显,当膨胀机效率达到 0.8 时,功回收的贡献比分别提升至 77％和 70％。从图 2-38(b)可以看出,膨胀机效率为 0.6,气体冷却器和级间冷却器出口温度为 35 ℃,蒸发器进口温度在 -25～21 ℃ 范围变化,SCE、TCICEDSC 和 TCICEDC 循环中功回收的贡献比的平均值分别为 80％、65％和 61％。蒸发温

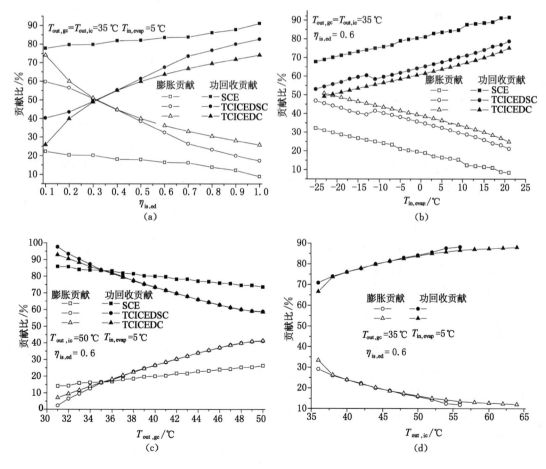

图 2-38　膨胀过程和功回收对提高系统性能的贡献
(a) 贡献比随膨胀机效率的变化;(b) 贡献比随蒸发器进口温度的变化;
(c) 贡献比随气体冷却器出口温度的变化;(d) 贡献比随级间冷却器出口温度的变化

度越高,功回收的作用越明显。TCICEDSC 和 TCICEDC 循环在蒸发器进口温度为 -25 ℃时,膨胀过程和功回收的贡献相当。图 2-38(c)给出了膨胀机效率为 0.6,级间冷却器出口温度为 50 ℃,蒸发器进口温度为 5 ℃,气体冷却器出口温度在 $31\sim50$ ℃范围内变化时,三种循环贡献比的变化情况。可以看出功回收的贡献在 SCE、TCICEDSC 和 TCICEDC 循环中仍占据主要地位,平均值分别为 80%、74% 和 73%。气体冷却器出口温度升高,功回收贡献比降低,但 SCE 循环受气体冷却器出口温度的影响明显弱于 TCICEDSC 和 TCICEDC 循环。图 2-38(d)显示了膨胀机效率为 0.6,气体冷却器出口温度为 35 ℃,蒸发器进口温度为 5 ℃下,TCICEDSC 和 TCICEDC 循环的贡献比随级间冷却器出口温度的变化。TCICEDSC 循环在 $36\sim56$ ℃范围内功回收的贡献比平均值为 80%,TCICEDC 循环在 $36\sim64$ ℃ 范围内平均值为 82%。级间冷却器出口温度升高,功回收贡献比增加并趋于稳定。通过上述分析可以知道,随着膨胀机效率的不断提升,通过提高膨胀功的回收利用率对系统性能的改善越显重要,因此,在尽可能提高膨胀机效率的同时,要更加重视膨胀功的回收利用,减少回收的中间环节,降低损失,否则对系统的改善将大打折扣。

2.7 本章小结

本章根据热力学第一和第二定律,对跨临界 CO_2 循环主要部件损失的影响因素进行了详细的理论分析,根据理论分析结果选出目前典型的改进方式,建立跨临界 CO_2 循环的热力学系统模型,在较宽的工况范围内(蒸发温度 $-26\sim21$ ℃,气体冷却器出口温度 $30\sim50$ ℃),对这些改进方式进行了详细分析与比较,最后对带膨胀机的单级和两级跨临界 CO_2 循环进行了参数特性研究。本章的工作及研究成果主要集中在以下几点:

(1)CO_2 节流过程的㶲损失随进口温度的降低而减小,进口压力在临界压力附近时,节流㶲损失随节流阀进口温度的减小会出现一个快速降低的过程,这一过程对应的温度范围在 $32\sim45$ ℃。进口压力和温度固定,节流㶲损失随出口压力降低而增大,且进口温度越高,节流㶲损失的变化幅度越大。

(2)回热循环方式适用于高温工况;两级压缩加入经济器方式在低温工况下有很好的改善效果;两级压缩分流方式适用于低温至高温工况范围,但其改善效果在特定工况下逊于前两种方式;两极压缩中间冷却方式对循环性能的提高不大;膨胀机替代节流阀并回收功方式适用范围最广,根据当前文献报道的膨胀机绝热效率,其改善效果明显优于其他方式,且压缩机效率也越高,其节能优势越突出。

(3)采用㶲分析方法详细分析了每种改善方式对循环主要部件的损失影响。膨胀机替代节流阀并回收功方式、回热循环方式、两级压缩加入经济方式和分流方式都主要是通过减小节流损失来提高循环效率,而两级压缩中间冷却方式则主要通过减小气体冷却器损失来提高循环效率。通过对循环部件主要损失的分析,为后续各方式之间的相互辅助提供了理论基础。

(4)定量研究了带膨胀机典型循环的关键参数对循环效率的影响,主要成果有:

① 高压端压力对循环效率的影响力在其最优值前后的两区域内存在明显差异,低于最优值时,其影响力随高压端压力的增加而快速降低,而且受到气体冷却器出口温度和蒸发器进口温度明显影响;在高于最优值的区域内,高压端压力的影响力较小且趋于稳定。

② 对于两级压缩中间冷却的循环,当级间冷却出口温度在临界温度附近时,级间压力的影响力出现突变,导致 COP 双峰值的出现,进一步分析表明假临界温度现象是产生这种突变的根源。蒸发器进口温度、级间冷却器出口温度升高,高压端压力降低,影响力的突变幅度降低,级间冷却器出口温度升高,突变对应的级间压力升高,级间冷却器出口温度超过 50 ℃时,突变现象消失。

③ 从循环系统的最优运行控制出发,本书研究了多种工况下,循环的 COP 从最优值降低 2.5%时,对应高压端压力和级间压力的变化范围分别为 0.5～5.5 MPa 和 0.6～3.3 MPa,说明为获得系统最优 COP,对这两个压力参数的控制不需要太高精度。

④ 蒸发器内部压降损失对循环效率的影响明显高于气体冷却器内的压降损失,其程度是气体冷却器压降的 2～8 倍,这一点对实际系统的优化设计具有积极的指导意义。

⑤ 蒸发器进口温度、气体冷却器出口温度和级间冷却器出口温度中,蒸发器进口温度对循环效率的影响最大,气体冷却器则对最优高压压力的影响最显著,出口温度从 30～50 ℃变化时,最优高压端压力有 4～6 MPa 的提升。级间冷却器出口温度仅在 40 ℃以下时对循环效率和最优高压端压力有较大影响。

⑥ 分析研究了膨胀机膨胀过程和功回收两部分对提高循环效率的贡献程度,发现功回收部分对循环效率的提高起主导作用,一般为 50%～80%。这一现象对带膨胀机的单级压缩循环尤为明显。功回收的贡献比随蒸发温度和膨胀机效率的提高而增大,随气体冷却器的出口温度升高而降低。

3 跨临界 CO_2 自由活塞式膨胀—压缩机的研制

根据相关文献研究和前一章对跨临界 CO_2 循环系统的热力学分析可知,采用膨胀机替代节流阀并回收膨胀功的方式具有适用工况范围广和改善效果显著的优点。因此,世界很多著名的研究机构目前都在对 CO_2 膨胀机进行研究,但是目前这方面的研究仍然处于理论分析和实验研究阶段,已经开发出的膨胀机的效率基本都在 50% 以下,并且有很多技术性问题有待解决,尚无成熟的机型投入商业运作。针对这一情况,本书对一种新型的自由活塞式膨胀—压缩机提出了自己的研究思路,制造出了样机并进行了研究。

3.1 跨临界 CO_2 膨胀机型式的确定

由于跨临界 CO_2 系统中膨胀比只有 $2\sim4$,远小于常规制冷系统(空调工况 $20\sim30$),并且产生的膨胀功较大,为压缩功的 $20\%\sim30\%$[123],使得膨胀机应用到跨临界 CO_2 系统中成为可能。理论上,任何型式的压缩机通过反向运转均可以作为膨胀机使用,但是与常规制冷系统相比,跨临界 CO_2 系统工作压力高、压差大、容积流量小,并非所有型式的膨胀机都可以应用。限于篇幅,本书仅提出目前较为典型的压缩机机型作为被选对象,主要有透平式、螺杆式、滑片式、涡旋式、滚动活塞、活塞式(有连杆机构)和自由活塞式七种。

CO_2 具有非常大的单位容积制冷量,$0\ ℃$ 时是常规制冷剂的 $5\sim8$ 倍,因此,CO_2 系统的流量远小于常规制冷系统,以蒸发温度 $5\ ℃$,制冷量为 $30\ kW$ 计算,CO_2 系统的质量流量大概只有 $270\ g/s$。为了适应流量要求,透平膨胀机的叶轮需要做的非常小,其运转速度每分钟要在 20 万转以上,噪声大,对于轴承的要求高,因此,无论是在加工制造还是运行上透平膨胀机都不适合。对于同样只适用于大流量场合的螺杆膨胀机,过小的流量会导致相对泄漏量巨大,效率低下。涡旋式等其他五种机型作为压缩机时主要应用于中、小流量场合,因此,作为膨胀机使用时基本可以适应这一流量。

CO_2 系统工作压差远大于常规制冷系统,在制冷和空调领域通常为 $7\ MPa$ 左右,因此,在选择膨胀机时更加关注泄漏的影响。文献[118]比较了活塞式、滚动活塞式和涡旋式三种型式膨胀机在不同的泄漏间隙下的指示效率。涡旋式膨胀机的泄漏情况与泄漏间隙的大小最为紧密,当间隙从 $5\ \mu m$ 增大到 $15\ \mu m$ 时,其指示效率减小 50% 左右。滚动活塞式膨胀机的密封性能要大大优于涡旋式膨胀机,其指示效率减小 17% 左右,但比活塞式膨胀机的密封性差,活塞式膨胀机的指示效率减小 10% 左右。滑片式膨胀机泄漏途径多于滚动活塞式,并且滑片要靠旋转产生的离心力和缸壁接触进行密封,因此其泄漏情况介于滚动活塞式和涡旋式之间。涡旋式、滚动活塞式和滑片式膨胀机均是靠在加工中保证间隙来控制泄漏的情况,如果希望减小泄漏必须提高加工精度减小泄漏间隙,因此大大提高了加工成本。活塞式膨胀机主要密封手段是活塞环密封,因此对加工精度的要求大大降低,并且活塞环密封技术已经是一个非常成熟的手段,在化工等高压差领域普遍应用,因此活塞式膨胀机在所有被选机型中密封性能最具有优势。

活塞式压缩机通过采用被动阀实现吸气、压缩和排气过程,但反向运转作为膨胀机使用时,必须采用主动控制阀来保证吸气、膨胀和排气过程的实现。相同情况的机型还有滚动活塞式。主动控制阀的采用会增大成本并且使机器的结构变得复杂。涡旋式和滑片式压缩机的工作腔仅在吸排气过程中才与孔口连通,因此在运行中仅需要在排气口安装一个被动排气阀,当反向旋转作为膨胀机运行时,通过旋转就可以实现工作腔的封闭和容积改变,实现膨胀过程,不需要采用任何主动控制阀。从这点讲涡旋式和滑片式膨胀机更具有优势。

由于 CO_2 系统工作压差大,所以膨胀机内部的摩擦损失的影响也不可忽视。文献[121]对不同机型膨胀机的摩擦损失作了估算,滚动活塞式膨胀机的摩擦相对最小为 22% 左右,活塞式膨胀机的摩擦损失最大为 27%,涡旋膨胀机居中,但与活塞式膨胀机接近为 26% 左右。滑片膨胀机未作考虑,但考虑到存在多个滑片与缸体内壁接触摩擦,其摩擦损失应该大于滚动活塞式,与涡旋膨胀机接近。根据文献[121]的分析,可以看出各机型中的摩擦损失差别不大。活塞式膨胀机的摩擦损失最大,一个主要原因是曲柄连杆机构的存在,因此如果去掉曲柄连杆机构,采用自由活塞式膨胀机,其摩擦损失会有明显降低,同时会大大简化机器的结构。

通过以上分析可以得出,如果能够很好地解决膨胀机吸、排气口控制的问题,自由活塞式膨胀机在结构、加工成本、密封和性能潜力等方面都是最有优势的。

3.2 自由活塞式膨胀机研制中的关键问题

3.2.1 膨胀机内容积比

活塞式压缩机采用的是被动阀,其开启和关闭由阀的前后压差决定,压缩机的容积变化比可以不断变化以适应不同工况。但是活塞式膨胀机吸、排气口的开启和闭合需要采用主动控制机构来控制,当设计内容比与实际工况的容积比存在差异时,会出现过膨胀和欠膨胀,降低了膨胀机效率。通过改变膨胀机的吸气行程的方式来改变膨胀机的内容积比,虽然可以避免过膨胀和欠膨胀的现象,但会大大增加控制机构的复杂程度,而且困难程度很大。因此,一些文献[115,117]研究了膨胀机实际容积比偏离理想容积比时对膨胀机效率的影响,一致认为非最优容积比在较宽的工况范围内对膨胀机效率的影响有限,其中,H. J. Huff[115]的研究结果表明当膨胀机实际容积比与理想容积比的偏差在 10% 内时,膨胀机指示效率的降低小于 3%。

图 3-1 给出了蒸发温度 5 ℃下,气体冷却器进口温度在 31~50 ℃内变化时,最优高压压力下膨胀机的理想容积比变化。可以看出,每一膨胀机效率下,理想容积比的变化相对设计工况下的理想容积比基本小于 10%,膨胀机效率越高,变化越小。考虑到变容积比会大大增加膨胀机结构的复杂程度,所以本书设计的自由活塞式膨胀机采用固定容积比的方案。

3.2.2 膨胀机的吸、排气控制机构

不同于采用被动阀(气阀)的活塞式压缩机,活塞式膨胀机必须采用主动控制的吸、排气控制机构,并且其性能好坏直接影响膨胀机的整体性能,因此,膨胀机吸、排气控制机构必须

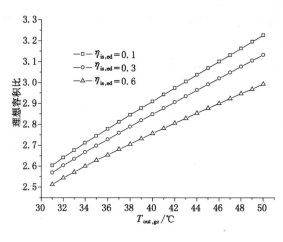

图 3-1　最优容积比

控制准确、响应快、可靠性高。J. S. Beak[111]采用电磁阀来控制活塞膨胀机的吸气口和排气口，但是由于电磁阀动作存在延迟，膨胀机的速度受到限制，而且响应次数有限，无法应用在自由活塞式膨胀机中。空气液化和低温领域内使用的活塞式膨胀机多采用凸轮机构，但是对于没有转动机构的自由活塞膨胀机并不适用。通过对多种方案进行比较分析，本书研制的自由活塞式膨胀机吸、排气控制机构采用了一种新型的机械控制方式。其工作原理如图3-2所示，膨胀机吸、排气控制机构主要由膨胀机活塞、滑杆、膨胀机吸气口A、B和排气口C组成。高压气体依次通过吸气口A、B进入膨胀腔，膨胀后由排气口C排出，如图3-2(a)所示位置，膨胀机活塞处于上止点，此时吸气口A和B开启，排气口C关闭，高压气体进入膨胀腔，推动活塞向下止点运动，当活塞运动到图3-2(b)所示位置时，活塞关闭吸气口B，膨胀机进入膨胀过程，当活塞运动到下止点附近时，推动滑杆一起运动，从而关闭吸气口A，打开

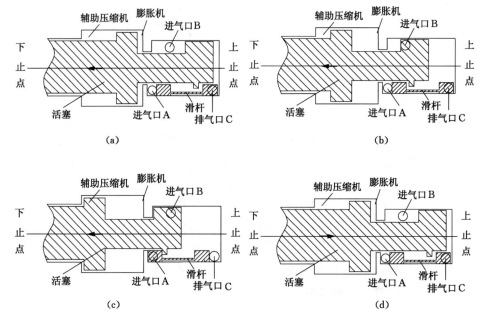

图 3-2　膨胀机吸、排气控制机构示意图

排气口 C,如图 3-2(c)所示,活塞运动到下止点后,开始反向运动,膨胀机排气,当运动到上止点附近时,再次推动滑杆,开启吸气口 A,关闭排气口 C,膨胀机活塞回到上止点,如图3-2(d)所示,准备进入下一个循环。膨胀机吸、排气控制机构工作一个循环,控制吸、排气口开启或闭合的逻辑顺序如图 3-3 所示。

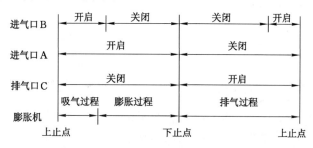

图 3-3　膨胀机吸、排气控制机构工作的逻辑顺序

3.2.3　功回收方式

膨胀功的回收是提高 CO_2 循环的重要措施,根据上一章的分析可知,CO_2 循环性能的提高主要来自膨胀功的回收,因此,确定膨胀功的回收形式是 CO_2 膨胀机开发过程中的重要环节。

功回收的方式主要有三种形式,第一种是膨胀机直接连接发电机,将膨胀功转化成电能,再驱动压缩机或其他设备。这种方式可以通过改变负载在一定范围内调节膨胀机的转速,以达到调节流量的目的,但是较多的中间环节和发电机较低的效率影响了膨胀功的利用率。第二种方式是膨胀机部分驱动主压缩机或辅助压缩机,不足部分由电机提供。这种方式优点是不用考虑膨胀机与连接压缩机之间的能量匹配,并且膨胀机不存在启动死点情况,活塞在任何位置时都可以正常启动,但是对于自由活塞式膨胀机由于没有曲柄连杆等旋转机构,电机必须采用直线电机型式,会显著提高整机的成本。第三种方式是膨胀机与辅助压缩机通过共轴的方式做成整体,且辅助压缩机完全由膨胀机的输出功驱动。这种方式不存在能量之间的转换,中间环节少,提高了膨胀功的利用率,膨胀机和辅助压缩机做成整体减少了泄漏途径,但是需要认真考虑膨胀机与辅助压缩机的匹配问题。

为了尽量减少膨胀功在传输过程中的损失,本书采用第三种功回收方式。膨胀机驱动的辅助压缩在系统中可以与主压缩机并联或串联。通过上一章对带膨胀机 CO_2 系统进行的热力学分析及其相关文献的研究可知,辅助压缩机作为高压级与主压缩机串联,对 CO_2 系统的改善最为显著,但是该膨胀—压缩机目前仍然处于研制阶段,采用串联方式时,辅助压缩机的运行情况会直接影响整个系统的运转,因此本书采用并联方式。

3.3　单作用自由活塞式膨胀—压缩机

自由活塞式膨胀—压缩机分单作用和双作用两种结构形式。单作用形式的自由活塞式膨胀—压缩机需要借助机械弹簧和残留高压气体帮助活塞在膨胀机排气阶段返回,其最大的优点就是结构简单,方便加工制造。

3.3.1 单作用自由活塞式膨胀—压缩机的结构

西安交大 CO_2 膨胀机课题组开发出的第一代自由活塞式膨胀—压缩机是单作用式,如图 3-4 所示,其主要包括膨胀腔、辅助压缩腔、膨胀机吸、排气控制机构、余隙调节机构、助推弹簧、配重活塞以及端盖等。

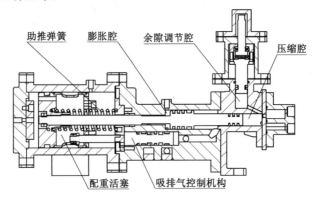

图 3-4 单作用自由活塞式膨胀—压缩机结构简图

单作用自由活塞式膨胀—压缩机的工作原理为:活塞从左到右运动(正行程),膨胀机的吸、排气控制装置使进气孔口打开、排气孔口关闭,高压气体从膨胀机的入口进入到膨胀腔,随着活塞向右移动,膨胀机进口关闭,高压气体在膨胀腔内开始膨胀。辅助压缩机在膨胀机驱动下,将低压气体压缩成高压气体并排出。当活塞运动到右止点时,膨胀机排气口打开,进气口继续关闭,活塞从右向左运动(反行程),膨胀腔内低压气体排出,直到活塞回到左止点。同时,辅助压缩机吸入低压气体。在正行程中,驱动活塞运动的是膨胀腔内高压气体,反行程中,活塞靠压缩机高压余隙气体膨胀推动,弹簧则起辅助动力作用。其中余隙调节机构的主要作用是通过改变辅助压缩机余隙的大小,实现膨胀机和辅助压缩机的能量匹配,以适应不同的压差工况。目前,该机型已经申请并获得了发明专利。

为了确定膨胀—压缩机的结构尺寸,本书编写了设计模型,该模型与双作用自由活塞式膨胀—压缩机的设计模型思路基本一致,此处不再赘述。通过计算并参考压缩机设计手册,确定单作用自由活塞式膨胀—压缩机的基本结构参数为膨胀腔缸径 40 mm,压缩腔缸径 25 mm,活塞行程 70 mm,滑杆直径为 28 mm,膨胀机和压缩机吸、排气口当量直径分别为 10 mm 和 8 mm。图 3-5 为加工出的样机。

图 3-5 单作用自由活塞式膨胀—压缩机样机

3.3.2　单作用自由活塞式膨胀—压缩机的实验结果分析

为了验证单作用自由活塞式膨胀—压缩机能否正常工作和测定其工作压差,搭建了空气验证实验台,该实验台与双作用自由活塞式膨胀—压缩机的基本相同,具体请参看4.1节。

以空气为工质对样机进行了实验。实验中保持膨胀机进口压力不变,将膨胀机的出口压力由大气压逐渐升高,当压力超过某一值(表3-1中的第二列),膨胀机无法正常启动。当膨胀—压缩机启动后,继续提高膨胀机出口压力,直至提高到某一值(如表3-1中的第三列),膨胀—压缩机因工作压差过小而停止。可以看出膨胀机的启动压力要比停止压力低,这是因为一旦膨胀—压缩机运行起来,其上一循环的剩余动能将有助于下一循环的启动,导致相对较小的工作压差就可以提供足够的能量来维持膨胀—压缩机的运转。

表 3-1　　　　　　　　　　　　膨胀—压缩机工作压差(空气)

进口压力/MPa	出口启动压力/MPa	出口停止压力/MPa	余隙调节腔容积比/%
8.0	2.2	3.0	100
7.5	1.8	2.7	100
7.0	1.7	2.5	100
8.0	1.2	2.0	0
7.5	1.0	1.8	0
7.0	0.8	1.5	0

为了检验余隙调节机构的能量调节功能,在余隙调节腔容积分别为零和最大时,对膨胀机的启动和停止压力进行了对比实验,如表3-1所示。可以看出,余隙调节腔容积增大,膨胀机启动和停止压力均降低。余隙调节腔容积最大(余隙容积为总工作容积的35%)时,膨胀机启动和停止压力比余隙调节腔容积为零(余隙容积为总工作容积的12%)时降低了约1 MPa,这说明余隙调节机构的能量调节功能是有效的,能够在一定程度上调节膨胀—压缩机的工作压差。

在空气实验上,以 CO₂ 工质继续对膨胀—压缩机进行了类似实验,限于压力源提供的压力有限,膨胀进口压力小于 5 MPa,实验结果列于表3-2中。可以看出余隙调节腔容积为零时,膨胀机出口启动/停止压力升高约 0.5 MPa,膨胀机进口压力需相应升高约 1.7 MPa。基于这个实验结果,可以估算出膨胀机出口压力 4 MPa 时,该压力对应蒸发温度为 0 ℃,膨胀机进口压力在 13 MPa 附近,这说明膨胀—压缩机内部有较大的压力损失。

表 3-2　　　　　　　　　　　　膨胀—压缩机正常工作压差(CO₂)

进口压力 /MPa	出口启动压力/MPa	出口停止压力/MPa	余隙调节腔容积比/%
4.8	2.04	2.37	100
3.96	1.6	1.85	100
3.01	1.15	1.23	100
4.75	1.4	1.56	0
3.9	1.25	1.42	0
3.02	0.9	1.02	0

在膨胀机进口和膨胀腔分别安装压力传感器测试其压力变化,图 3-6 给出了膨胀机进口压力 3 MPa 左右时,膨胀机进口和膨胀腔内压力的变化情况。在图中根据压力变化情况,对膨胀机的吸气、膨胀和排气过程进行了划分,可以看出膨胀腔内压力在吸气过程初期快速升高,膨胀机进口压力则迅速降低,在吸气过程末期和膨胀过程初期膨胀腔压力出现缓慢降低,膨胀机进口压力表现为小幅震荡,随后的膨胀过程中膨胀腔压力快速降低,进口压力逐渐回升至名义压力,在最后的排气过程中,膨胀腔压力小幅降低,进口压力则稳定在名义压力附近。图 3-6 反映出膨胀—压缩机工作时,在膨胀机进口处有严重的压力脉动现象,这也是导致膨胀—压缩机正常工作需要较大压差的一个主要原因。

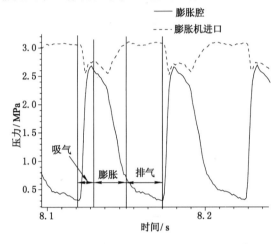

图 3-6 膨胀机进口压力和膨胀腔压力变化

3.3.3 单作用自由活塞式膨胀—压缩机的主要问题分析

（1）膨胀机进气口压力脉动现象严重

通过对样机的实验结果分析发现,膨胀机进口处严重的压力脉动使得实际进入膨胀腔内的压力比名义进气压力低许多,这是导致膨胀机运行不稳定的一个重要因素。引起压力脉动的原因除了膨胀机进口处管道容积相对于膨胀腔容积较小外,还与活塞的运动速度有关,膨胀机吸气越强烈,压力脉动越明显。

（2）正反行程中膨胀—压缩机活塞的受力和运动速度不均衡

通过设计模型,对膨胀—压缩机在设计工况下活塞的受力和速度进行了初步估算,结果如图 3-7 所示,可以看出活塞在正反行程的受力情况无论是最大受力还是变化幅度均有很大差异。正行程中,活塞由左向右运行,作用在活塞上的合力在行程的两端减小速度较为缓慢,而在中间阶段则快速下降,活塞运行行程一半时,活塞上合力方向发生改变,与速度方向相反,此时活塞开始依靠自身存储的动能继续前行。在正行程中,活塞在行程两端受力最大分别约为 5 kN 和 4 kN。反行程中,活塞由右向左运行,活塞上的合力大小在开始阶段呈现快速下降,当运行位移超过四分之一行程后,活塞上合力基本保持在 0.3 kN 附近,在行程的 20% 附近时,活塞上合力方向开始与活塞速度相反。整个反行程运行过程中,作用在活塞上的合力小于正行程时情况,开始运行时作用力最大约为 3 kN。

受作用在活塞上的合力变化的影响,活塞在正反行程运动中,速度差异很大。正行程中,活塞速度快速增加和减小,活塞最高速度和到达右止点时速度分别为 8 m/s 和 1.8 m/s,而反行程中,活塞速度则呈现快速增加,缓慢减小情况,由于活塞所受外力较小,最高速度和到达左止点时速度仅约为 2.8 m/s 和 0.7 m/s,因此活塞速度有可能在回到左止点前已经为零,导致样机无法连续运转。此外,活塞在正行程开始阶段,即膨胀机吸气过程,活塞速度快速增加,吸气过程结束时活塞速度达到 7.7 m/s,而这一阶段恰恰是希望活塞有较低的运动速度,以确保膨胀机吸气充分及减小对压力脉动的影响。因此,改善样机的正反行程中活塞的速度是需要解决的关键问题之一。

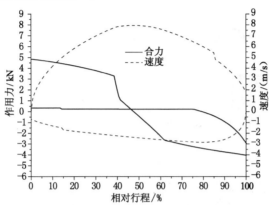

图 3-7　单作用自由活塞式膨胀—压缩机活塞的受力和运动速度

（3）助推弹簧提供弹力有限且选取范围有限

助推弹簧在单作用自由活塞式膨胀—压缩机中的作用是为了能够将膨胀机的部分膨胀功回收储存转化为弹性势能,在活塞回程时帮助辅助压缩机余隙内的高压气体将其推回起始点。在给定压缩量的前提下,弹簧能够提供的弹力与刚度有直接的关系,刚度增加,弹簧提供的弹力增大,但需要弹簧的簧丝直径增大,为了保证弹簧满足疲劳强度的要求,需要相应增加弹簧圈数,为了确保弹簧的稳定性需要增大弹簧中径,因此在轴向和径向上的安装空间增大。实验和计算分析表明,在给定的安装空间里,弹簧只能够提供小于 600 N 的力,与数千牛顿的气体力相比弹簧的助推作用非常有限。与此同时,根据上述活塞受力分析可知,正行程中活塞运行行程一半时,活塞所受外力方向与速度相反,活塞只能依靠自身存储的动能维持前行,计算表明增大弹簧刚度会使活塞运行至右止点时的速度快速减小,并出现活塞无法到达右止点现象,因此反行程中弹簧提供弹力不足与正行程中弹簧刚度过大导致活塞中途停止成为一对矛盾。如何避免使用机械弹簧也是需要解决的关键问题之一。

3.3.4　双作用自由活塞式膨胀—压缩机的提出

从以上的分析可以看出,自由活塞式膨胀—压缩机需要在运行稳定性、降低频率等几个方面加以改进。本书提出了双作用自由活塞式膨胀—压缩机结构型式,能够解决其在跨临界 CO_2 制冷系统中稳定运转的问题。

单作用自由活塞式膨胀—压缩机中,由于膨胀机的活塞在正、反行程中速度差异过大,活塞在反行程中提前停止,导致膨胀—压缩机无法稳定运行。而在双作用自由活塞式膨胀—压缩机中,去掉了助推弹簧,增设了一个膨胀腔和压缩腔,并呈对称分布,解决了正反行程中活塞受力和运动速度不均衡问题,只要膨胀机与压缩机之间的能量匹配合理,理论上机器就能稳定运行。

单作用自由活塞式膨胀—压缩机中,膨胀机进气管道中压力脉动幅值过大使得膨胀机实际进气压力比名义压力低很多,导致膨胀机输出功不足,膨胀—压缩机运行不稳定。双作用自由活塞式膨胀—压缩机由于增设了一个膨胀腔和压缩腔,假设机器工作频率不变,每个膨胀腔容积将减小 50%,膨胀机进口管道容积相对于膨胀腔容积比率增大,同时活塞端面的减小,使得作用在活塞上的合力减小,降低了膨胀机吸气过程中活塞的速度,这些都将有利于膨胀机进口处压力脉动的减弱。

3.4 双作用自由活塞式膨胀—压缩机

3.4.1 双作用自由活塞式膨胀—压缩机的结构设计

基于对单作用自由活塞式膨胀—压缩机实验结果和现象分析,本书将对双作用自由活塞式膨胀—压缩机结构进行设计,为了保证机器的正常运行,在设计过程中需要考虑以下问题。

(1) 压力脉动问题

活塞式膨胀机的工作特点之一是工质间歇地、周期地从管道吸入,并由管道输出。这种不连续的吸排气方式决定了工质在管道中的流动是不稳定的,此外,气缸中活塞速度和吸排气通道面积不断变化加剧了其不稳定程度。工质流动的这种不稳定性在管道中反映为工质的压力、密度等参数呈现周期性变化,即管道中的压力脉动。

CO_2 循环工作压力高,单位容积制冷量大,系统的管道内径一般比较小,膨胀机周期性地吸气或排气,更容易激发管道中的气柱振动而产生压力脉动。笔者在对单作用 CO_2 膨胀机样机进行实验时,可以明显观察到膨胀机管道中压力脉动的现象。管道中的压力脉动现象必然会影响到膨胀机工作腔内的压力变化,进而影响活塞的运动规律和膨胀机的热力性能与工作稳定性,为了降低管道内的压力脉动,笔者在膨胀机缸体上开设了吸气腔和排气腔。

(2) 膨胀机和压缩机功不匹配问题

膨胀机活塞和压缩机活塞的运动速度完全相同,会造成膨胀机输出功和压缩机所需的输入功不匹配,膨胀机前半个行程的输出功大,后半个行程的输出功小,而压缩机所需的输入功正好相反,导致能量损失,降低机器的效率。对此,本书采用增加中间活塞质量的方式来解决,积蓄前半程多余的膨胀功,在后半程释放。增加主活塞的质量降低了活塞的运动加速度及速度,防止膨胀—压缩机活塞在前后半程的速度出现过大差异,影响机器运转的稳定性。

(3) 主活塞和滑杆可能卡死问题

如本章 3.2.2 节介绍,膨胀机进、排气通道与滑杆和主活塞轴线垂直,因此滑杆和主活塞垂直轴线方向上的压差会产生侧向力,导致滑杆和主活塞出现偏转趋势。此外,膨胀机的主体由左、右和中间缸体对接而成,主活塞和滑杆平行安置,对两轴线平行度的要求较高,否则会引起主活塞或滑杆卡死,整个机器无法正常工作。针对这一情况,本书提出了浮动活塞结构形式。如图 3-8 所示,膨胀机活塞(9)一端安装在中间活塞(10)的沉孔中,压盖(10-1)通过螺钉固定在中间活塞主体上,沉孔内的膨胀机活塞部分沿轴向有 10 μm 的活动间隙,以保证膨胀机活塞在垂直轴线的平面内可以自由移动。膨胀机活塞和中间活塞接触面积大,过大的摩擦力有可能限制膨胀机活塞在垂直轴线平面内的自由运动,因此在中间活塞主体内钻有细孔(10-2),用来存储固体油脂,改善润滑条件。滑杆的浮动结构与膨胀机活塞相似,主要区别是压盖(12-1)与滑杆主体采用螺纹连接。

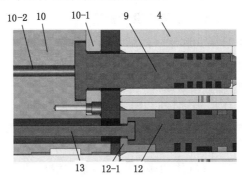

图 3-8　浮动活塞结构原理图

(4) 撞击问题

自由活塞式膨胀—压缩机由于缺少曲柄连杆机构,在上、下止点位置,主活塞会与缸体发生撞击,产生振动和噪声,因此,在中间活塞两侧加入了橡胶弹簧减轻撞击带来的不利因素。同时,在滑杆工作孔底部也安装了橡胶弹簧来减轻滑杆与缸体的撞击。

(5) 密封问题

为了减小膨胀腔和压缩腔、膨胀腔和中间腔以及膨胀机进气口和排气口之间的泄漏损失,本书根据容积式压缩机设计手册设置了四道活塞环。机器中的活塞环和支承环的材料为自润滑材料(如填充聚四氟乙烯),因此无需用来润滑的油路系统,整机结构简单,制造成本降低。

基于上述考虑,双作用自由活塞式膨胀—压缩机的总体结构如图 3-9 所示。从外观上看它主要分为四大部分,即左缸体(2)、右缸体(4)、中间缸体(3)和端盖(1)和(5)。内部有主活塞和滑杆,主活塞包括压缩机活塞(6)和(7)、膨胀机活塞(8)和(9)和中间活塞(10),滑杆包括左滑杆(11)、右滑杆(12),中间由细杆(13)穿过中间活塞(10)连接。主活塞和左、右缸体分别围成左膨胀腔(16)、左压缩腔(14)、右膨胀腔(17)和右压缩腔(15)。膨胀机的两个串

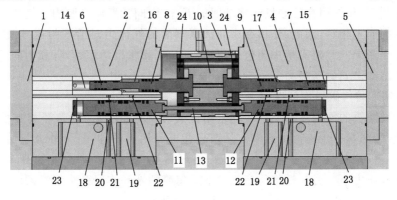

图 3-9　膨胀—压缩机结构原理图

联吸气口(20)和(21)分别由滑杆和主活塞控制,膨胀机排气口为(22)由滑杆控制。膨胀机运转时,中间活塞(10)在止点附近拨动滑杆,按图 3-3 给出的逻辑顺序控制膨胀机吸、排气口的开闭。中间活塞和滑杆两侧分别安置了橡胶弹簧(24)和(23),以减轻碰撞。用于减小气流脉动而开设的膨胀机吸气腔为(18),排气腔为(19)。

3.4.2 双作用自由活塞式膨胀—压缩机设计模型

前面确定了 CO_2 自由活塞式膨胀—压缩机的主体结构和在循环中的配置形式,本节的主要任务是建立一个设计模型,以确定该机器的主要结构参数。膨胀—压缩机的设计工况为蒸发温度 5 ℃,气体冷却器进口温度 40 ℃,主压缩机流量 276 g/s,膨胀机吸气压力 10.3 MPa,膨胀机排气压力 3.97 MPa。膨胀—压缩机工作时,存在摩擦等诸多不可逆损失,对此,本书在设计模型中通过等熵效率来考虑这些不可逆因素的影响,根据相关文献[104-109,111-114]的研究,选取膨胀机和压缩机的等熵效率分别为 60% 和 70%。针对前述的撞击问题,在模型中认为活塞与气缸体的碰撞以及活塞与滑杆的碰撞均为非弹性碰撞。

3.4.2.1 控制方程

由于辅助压缩机完全由膨胀机的输出功驱动,因此要确保膨胀—压缩机在 CO_2 系统中正常运行,必须满足质量守恒和能量守恒。

质量守恒形式:

$$m_{\text{main,c}} + m_{\text{aux,c}} = m_{\text{ed}} \qquad (3\text{-}1)$$

能量守恒形式:

$$W_{\text{ed}} = W_{\text{aux,c}} + \sum W_{\text{loss}} \qquad (3\text{-}2)$$

与其他型式的膨胀机不同,自由活塞式膨胀—压缩机总体结构呈线性排列,无曲柄连杆等旋转机构,活塞的运动完全由作用在活塞上的力和本身的质量所决定。运动规律满足动量定理,即:

$$\sum F = m_{\text{piston}} a_{\text{piston}} \qquad (3\text{-}3)$$

式中 $\sum F$ ——作用在活塞上的轴向合力,N。

3.4.2.2 活塞的受力计算

图 3-10 给出了影响膨胀—压缩机活塞运动的受力情况,图中 F 表示作用在活塞端面上的气体力,f 表示摩擦力。根据图中的受力分析可以看出,气体力 F 主要包括作用在压缩机活塞端面的 F_c 和作用在膨胀机活塞端面的 F_{exp}。中间活塞两端腔内的气体压力相等且中间活塞两端面面积相等,因此,作用在中间活塞端面的气体力对活塞的运行没有影响,在受力分析时不予考虑。摩擦力 f 主要包括压缩机活塞、膨胀机活塞、滑杆和中间活塞上活塞环和支承环与缸壁之间的摩擦力。

(1)活塞环与气缸镜面间摩擦力的计算

膨胀—压缩机的活塞环和支承环均采用自润滑材料,没有为活塞环和支承环提供润滑的供油系统,因此本书忽略油的影响。活塞环在内缘压力的作用下,外缘紧贴气缸镜面,但两者之间仍有一层气体分子,可以认为压力沿环高呈直线分布[162],如图 3-11 所示,活塞环的一端作用有压力 p_1,另一端作用有压力 p_2。忽略活塞环本身弹力影响,其平均值为:

$$p_1' = \frac{p_1 + p_2}{2} \qquad (3\text{-}4)$$

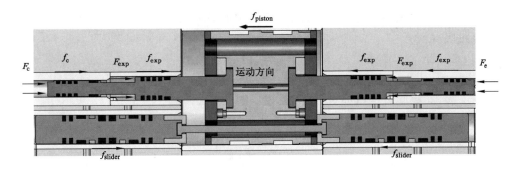

图 3-10　膨胀—压缩机活塞受力图

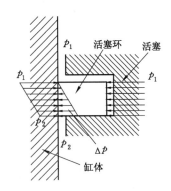

图 3-11　由气体压力造成活塞环上的作用力

因此活塞环作用在气缸镜面上的平均压力为：

$$p_m = p_1 - p_1' = \frac{p_1 - p_2}{2} \tag{3-5}$$

活塞环上摩擦力为：

$$f = \beta \mu \pi D h \left(\frac{p_1 - p_2}{2} \right) \tag{3-6}$$

式中　β——修正系数，根据实验确定；

　　　μ——活塞环与气缸镜面的摩擦系数，取 0.2[163]；

　　　D——气缸内经/m；

　　　h——活塞环高度/m。

支承环摩擦力的计算：

$$f = \beta \mu m g \tag{3-7}$$

式中　m——主活塞或滑杆质量,kg。

（2）气体力的计算

作用在活塞端面的气体力是决定膨胀机活塞运动的关键因素,因此在设计模型中一个主要任务是对各个工作腔内压力的求解计算。

① 膨胀机和压缩机吸、排气过程

膨胀机和压缩机吸、排气过程中,忽略 CO_2 动能和势能的影响。认为机器在稳定工况下运行,工作腔内 CO_2 的状态保持均匀。CO_2 通过膨胀机和压缩机的吸、排气孔口时会产生压力损失,其大小取决于气体经过孔口的流动速度和孔口形状等结构因素。为了考虑压力损失的影响,本书通过相对压力损失系数来计算工作腔内的压力。

膨胀机吸气压力:

$$p_{suc,ed} = p_{in,ed}(1 - \varphi_{suc,ed}) \tag{3-8}$$

式中　$\varphi_{suc,ed}$——膨胀机吸气压力相对损失系数,取 $\varphi_{suc,exp} = 0.1$ [164];

　　　$p_{in,ed}$——膨胀机进口处压力,Pa。

膨胀机排气压力:

$$p_{dis,ed} = p_{out,ed} \frac{1}{1 - \varphi_{dis,ed}} \tag{3-9}$$

式中　$\varphi_{dis,exp}$——膨胀机排气压力相对损失系数,取 $\varphi_{dis,exp} = 0.08$ [164];

　　　$p_{out,ed}$——膨胀机出口处压力,Pa。

压缩机吸气压力:

$$p_{suc,c} = p_{in,c}(1 - \varphi_{suc,c}) \tag{3-10}$$

式中　$\varphi_{suc,c}$——压缩机吸气压力相对损失系数,取 $\varphi_{suc,exp} = 0.05$ [164];

　　　$p_{in,c}$——压缩机吸气口处压力,Pa。

压缩机排气压力:

$$p_{dis,c} = p_{out,c} \frac{1}{1 - \varphi_{dis,c}} \tag{3-11}$$

式中　$\varphi_{dis,c}$——压缩机排气压力相对损失系数,取 $\varphi_{suc,exp} = 0.06$ [164];

　　　$p_{out,c}$——压缩机排气口处压力,Pa。

② 膨胀机膨胀过程

假定膨胀机膨胀过程的等熵效率恒定,则膨胀过程中工作腔内 CO_2 状态的变化可由膨胀过程等熵效率计算得出。

膨胀过程绝热效率:

$$\eta_{exp} = \frac{u_{suc,ed} - u_{dis,ed}}{u_{suc,ed} - u_{dis,is,ed}} \tag{3-12}$$

式中,$u_{suc,ed}$、$u_{dis,ed}$ 和 $u_{dis,is,ed}$ 由式(3-13)至式(3-16)计算。

$$u_{suc,ed} = f(p_{suc,ed}, h_{suc,ed}) = f(p_{suc,ed}, h_{in,ed}) \tag{3-13}$$

$$u_{dis,ed} = f(p_{dis,ed}, h_{dis,ed}) = f(p_{dis,ed}, h_{out,ed}) \tag{3-14}$$

$$u_{dis,is,ed} = f(p_{dis,ed}, s_{dis,is,ed}) = f(p_{dis,ed}, s_{suc,ed}) \tag{3-15}$$

$$s_{suc,ed} = f(p_{suc,ed}, h_{suc,ed}) = f(p_{suc,ed}, h_{in,ed}) \tag{3-16}$$

膨胀机活塞移动一个微元距离 Δs 后,膨胀腔内 CO_2 的密度:

$$\rho_{i+1,ed} = \frac{m_{i,ed}}{V_{i,ed} + \Delta V_{ed}} = \frac{m_{i,ed}}{V_{i,ed} + A_{piston,ed} \Delta s} \tag{3-17}$$

式中,下标 i 和 $i+1$ 分别代表膨胀机活塞移动前和后 CO_2 的状态; $A_{piston,ed}$ 是膨胀活塞端面面积。

膨胀机活塞移动一个微元距离 Δs 后,膨胀腔内 CO_2 的内能:

$$u_{i+1,ed} = u_{suc,ed} - (u_{suc,ed} - u_{i+1,is,ed}) \eta_{exp} \tag{3-18}$$

$$u_{i+1,is,ed} = f(\rho_{i+1}, s_{i+1,is,ed}) = f(\rho_{i+1,ed}, s_{suc,ed}) \tag{3-19}$$

膨胀机活塞移动一个微元距离 Δs 后,膨胀腔内 CO_2 的压力:

$$p_{i+1,ed} = f(\rho_{i+1,ed}, u_{i+1,ed}) \tag{3-20}$$

③ 压缩机压缩过程

由膨胀过程相似,假定压缩机压缩过程的等熵效率恒定,则压缩过程中工作腔内 CO_2 状态的变化可由压缩过程等熵效率计算得出。

压缩过程绝热效率:

$$\eta_{comp} = \frac{u_{dis,is,c} - u_{suc,c}}{u_{dis,c} - u_{suc,c}} \quad (3-21)$$

式中,$u_{suc,c}$、$u_{dis,c}$ 和 $u_{dis,is,c}$ 由式(3-22)至式(3-25)计算。

$$u_{suc,c} = f(p_{suc,c}, h_{suc,c}) = f(p_{suc,c}, h_{in,c}) \quad (3-22)$$

$$u_{dis,c} = f(p_{dis,c}, h_{dis,c}) = f(p_{dis,c}, h_{out,c}) \quad (3-23)$$

$$u_{dis,is,c} = f(p_{dis,c}, s_{dis,is,c}) = f(p_{dis,ed}, s_{suc,c}) \quad (3-24)$$

$$s_{suc,c} = f(p_{suc,c}, h_{suc,c}) = f(p_{suc,c}, h_{in,c}) \quad (3-25)$$

压缩机活塞移动一个微元距离 Δs 后,压缩腔内 CO_2 的密度:

$$\rho_{i+1,c} = \frac{m_{i,c}}{V_{i,c} + \Delta V_c} = \frac{m_{i,c}}{V_{i,c} + A_{piston,c}\Delta s} \quad (3-26)$$

式中,$A_{piston,c}$ 是压缩活塞端面面积。

压缩机活塞移动一个微元距离 Δs 后,压缩腔内 CO_2 的内能:

$$u_{i+1,c} = u_{suc,c} + \frac{(u_{i+1,is,c} - u_{suc,c})}{\eta_{comp}} \quad (3-27)$$

$$u_{i+1,is,c} = f(\rho_{i+1,c}, s_{i+1,is,c}) = f(\rho_{i+1,c}, s_{suc,c}) \quad (3-28)$$

膨胀机活塞移动一个微元距离 Δs 后,膨胀腔内 CO_2 的压力:

$$p_{i+1,c} = f(\rho_{i+1,c}, u_{i+1,c}) \quad (3-29)$$

④ 作用在活塞上的气体力

得到膨胀—压缩机各工作腔内压力的变化后,作用在活塞上的气体力就可以由式(3-30)求出。

$$F_{i+1} = A_{i+1,piston} p_{i+1} \quad (3-30)$$

3.4.2.3 活塞加速度、速度和频率

由式(3-3)求出活塞移动 Δs 后的加速度:

$$a_{i+1,piston} = \frac{\sum F_{i+1}}{m_{piston}} \quad (3-31)$$

假设活塞在每一个微元距离 Δs 内运动时,其加速度保持不变,则活塞移动 Δs 后的速度:

$$V_{i+1,piston} = \sqrt{V_{i,piston}^2 + 2a_{i,piston}\Delta s} \quad (3-32)$$

如将活塞一个周期的总行程分成 n 等分,则活塞的运动周期和频率可由式(3-33)和式(3-34)计算:

$$T = \sum_{i=1}^{n} \frac{2\Delta s}{V_i + V_{i+1}} \quad (3-33)$$

$$f = \frac{1}{T} \quad (3-34)$$

3.4.2.4 设计模型求解

自由活塞式膨胀—压缩机的运动频率完全由活塞受力和机器的结构尺寸决定,因此首

先假定膨胀—压缩机的运动频率 f，根据给定的工况和选取的行程与缸径比 λ，依据质量守恒方程式(3-1)和能量守恒方程式(3-2)，算出膨胀机和压缩机缸径等主要结构尺寸，然后计算膨胀—压缩机工作过程中作用在活塞上的受力变化，进而得出活塞加速度、速度及运动频率 f'。当 $f = f'$ 时就说明膨胀机和辅助压缩机的运动特性耦合，否则用 $\dfrac{f' + f}{2}$ 代替 f 重新迭代计算，直到 $f = f'$ 为止。迭代过程流程图如图 3-12 所示。

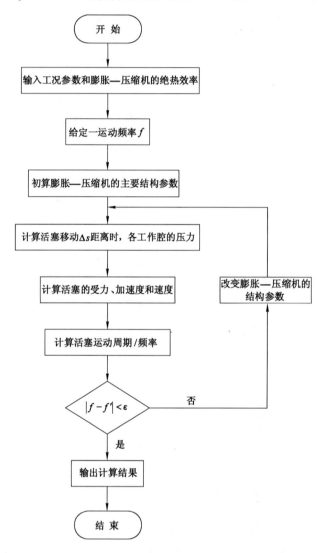

图 3-12　膨胀—压缩机设计模型求解流程图

利用设计模型计算出不同频率、不同行程与缸径比下，膨胀—压缩机的基本结构参数，参照文献[162,164]并考虑现有的加工条件，选取膨胀—压缩机的基本结构参数为膨胀腔缸径 28 mm，压缩腔缸径 16 mm，活塞行程 30 mm，滑杆直径为 20 mm，膨胀机和压缩机吸排气口当量直径分别为 10 mm 和 9 mm。样机如图 3-13 所示。

图 3-13 样机照片

3.4.3 双作用自由活塞式膨胀—压缩机特性的初步分析

利用设计模型对双作用自由活塞式膨胀—压缩机的运动特性和活塞的受力进行了初步计算,图 3-14 给出了设计工况下,活塞在正行程过程中的受力和运动速度随活塞位移的变化。由于双作用自由活塞式膨胀—压缩机的对称特性,活塞在反行程中的受力和速度的变化情况与正行程完全一致,仅在相位上相差 180°。对比分析图 3-14 和图 3-7 可以看出,双作用自由活塞式膨胀—压缩机在活塞受力、速度的分布以及工作的稳定性等方面均得到了很大的改善。活塞开始运动时所受合力最大为 3.3 kN,是单作用型式的 66%,到达右止点时所受合力为 1.5 kN,为单作用的 37%,合力在行程的 46% 附近改变方向,该位置与单作用型式的非常接近,因此,在行程的后半程作用在双作用式活塞上合力的增大较单作用式缓慢许多,从而确保了活塞能够更容易到达右止点。分析活塞的受力变化还可以发现,双作用式的活塞合力变化虽然与单作用式非常相似,但是在活塞开始运行的 7% 的行程中,合力从最大的 3.3 kN 快速下降到 1.8 kN,下降幅度达到 55%,随后下降变缓,该现象使得活塞的速度不至于过快增加,对膨胀机充分吸气和减弱吸气管道处的压力脉动非常有利。

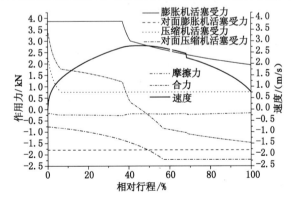

图 3-14 活塞的受力和运行速度

由于双作用式活塞上受力情况的改善,活塞在整个行程上的速度分布也较单作用式合理。从图上可以看出,活塞速度除了在最初 5% 行程内快速增加到 1.2 m/s 外,在其余位置相对较缓,最高速度 2.8 m/s,是单作用式的 35%,到达右止点时速度为 0.76 m/s,为单作用式活塞在右止点位置速度的 42%,这说明双作用自由活塞式膨胀—压缩机运行较单作用自由活塞式膨胀—压缩机平稳,同时止点处活塞与缸壁之间的撞击现象也比单作用减轻许多。

3.5 本章小结

在分析比较不同类型膨胀机的特性和应用范围的基础上,提出自由活塞式膨胀—压缩机是最合适的 CO_2 膨胀机机型之一。针对膨胀机研制中的关键技术问题进行了分析并提出解决方案,并设计制造出单作用自由活塞式膨胀—压缩机,在对样机测试分析的基础上,对其结构进行了改进,研制出双作用自由活塞式膨胀—压缩机。本章工作和主要特色体现在以下几点:

(1)根据活塞式膨胀机吸、排气控制机构必须采用主动控制方式且控制准确、响应快和可靠性高的技术要求,针对自由活塞式膨胀机无转动机构的特点,首次提出滑杆式吸、排气控制机构,解决了自由活塞式膨胀机进排气控制这一个技术难题。

(2)提出浮动活塞结构,解决了因缸体间不同轴引起的活塞摩擦力增大甚至卡死的问题。设计增加中间活塞,通过提高活塞质量存储动能,缓解了膨胀机和压缩机在前后半程功不匹配的问题

(3)通过数值模拟的方法,分析比较了单作用和双作用自由活塞式膨胀—压缩机的运动规律,表明双作用自由活塞式膨胀—压缩机在运行稳定性、活塞受力均匀性和活塞在正反行程上的速度分布均较单作用式有很大改善。

4　双作用自由活塞式膨胀—压缩机工作特性的实验研究

本书研制的自由活塞式膨胀—压缩机采用了一种新型的吸、排气控制机构,因此在将样机放入跨临界 CO_2 制冷系统之前,搭建了空气实验台,对膨胀机及其吸、排气控制机构的工作原理是否正确进行验证,并研究膨胀机在不同压差下的工作特性,为膨胀机的改进完善提供实验依据。

4.1　实　验　装　置

空气实验台主要包括高压空气压缩机,高压储气罐,低压储气罐,膨胀机样机(图 4-1 和图 4-2)。如图 4-1 所示,高压储气罐的高压空气进入膨胀机膨胀后进入低压储气罐,并通过针阀 B 放空。部分低压储气罐的低压空气被辅助压缩机吸入,压缩至高压后,与来自高压储气罐的高压空气汇合。

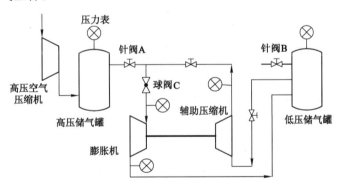

图 4-1　空气实验台系统示意图

图 4-2　空气实验台照片

膨胀机前的针阀 A 用来调节膨胀机进口压力,针阀 B 用来调节膨胀机出口压力,以此实现膨胀机在不同压差和膨胀比工况下运行。膨胀机前后设置高低压储气罐以稳定膨胀机进、出口压力,同时高压储气罐还具有冷却来自高压压缩机的热空气的作用。膨胀机前球阀 C 用来控制膨胀机的启停。

五只精度为 0.4 级的压力表分别安装在如图 4-1 所示的位置,监控膨胀机运行时实验台各个位置的压力。布置在高低压侧的压力表测量范围分别是 0~16 MPa 和 0~10 MPa。

为了研究膨胀机工作时各个腔内的压力变化规律,在膨胀机的吸气腔、排气腔和膨胀腔安装了动态压力传感器,其测量范围是 0~15 MPa,精度是满量程的 ±0.5%。测量的数据通过数据采集模块采集并存储到计算机中。

4.2　实验结果及分析

4.2.1　膨胀机工作压力范围

对膨胀机样机在不同吸、排气压差,不同膨胀比下进行了运转实验,其典型的压力范围如表 4-1 所示,在更高压差下,尽管膨胀机能够工作,但由于辅助活塞与缸体撞击速度太大,最大压差仅增加至 3.12 MPa,测试工况下的膨胀比为 1.67~3.33,这一范围基本覆盖了跨临界 CO₂ 系统工况的膨胀比。测试数据和运行状况表明,膨胀机可在较宽的压差和膨胀比范围内工作,压差越大其频率越高,但活塞与缸体的撞击情况越严重,因此,在后续的研究中,如何采取措施减小碰撞是一个需要考虑的重点问题。

表 4-1　　　　　　　　　　膨胀机正常工作的典型压力范围

吸气腔压力/MPa	排气腔压力/MPa	压差/MPa	膨胀比	频率/Hz
0.78	0.33	0.45	2.36	10.2
1.03	0.56	0.47	1.84	10.6
1.57	0.87	0.70	1.80	12.8
1.75	1.03	0.72	1.67	13.3
1.53	0.46	1.07	3.33	16.5
2.18	1.14	1.04	1.91	15.6
3.75	2.00	1.75	1.88	22.5
3.72	1.32	2.40	2.82	29.0
5.45	2.33	3.12	2.34	36.4

4.2.2　膨胀机工作频率随压差变化规律

自由活塞式膨胀—压缩机的结构特点表明,其工作频率与工作压差密切相关,表 4-1 的测试数据充分说明了这点。因此,本节将重点研究机器工作频率与工作压差的关系。将不同吸、排气压力下样机工作频率的测试数据,以工作压差的形式进行汇总并绘于图 4-3 中。从图上可以看出,无论膨胀机是否驱动辅助压缩机,其工作频率基本上随工作压差的增大线性增加。根据机器的工作频率和压差的关系,可以外推出更高压差下的运转频率,这对估算膨胀—压缩机在跨临界 CO_2 系统下的工作频率有很大的帮助。

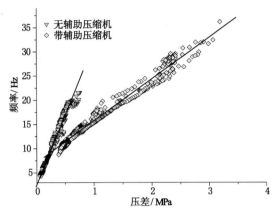

图 4-3 膨胀机工作频率与压差关系

从图 4-3 还可以看出,膨胀机单独运行时,工作频率随压差的增加速度是驱动辅助压缩机情况的 3.3 倍。这主要是因为随着工作压差的增大,膨胀机的输出功增加,但是膨胀机内部的摩擦损失却没有增加相应的功来抵消,导致频率的迅速增大。这一点可以用来调节膨胀机的流量,如通过改变辅助压缩机的余隙容积,在不过分影响辅助压缩机效率的情况下,改变辅助压缩机的功耗,进而改变膨胀机的工作频率,达到调节流量的目的。

4.2.3 p—t 图对膨胀机工作过程分析

为了验证膨胀机及其吸、排气控制机构的工作原理,用动态压力传感器测量出膨胀机吸、排气腔及膨胀腔内的动态压力变化(即 p—t 图),并通过 p—t 图对膨胀机的工作过程进行了分析。

图 4-4 显示了不同工作压差下,膨胀机吸、排气腔及工作腔内压力的动态变化。根据膨胀腔内动态压力变化特点,将膨胀机的工作过程分成了四个阶段,即吸气过程、膨胀过程、排气过程和吸、排气孔口切换过程。其中,吸、排气孔口切换过程是指膨胀机活塞即将达到上止点时(如图 3-2 所示),排气口关闭同时吸气口打开的过程,在 p—t 图上这个切换过程表现为排气过程即将结束,压力开始出现明显上升到这一工作周期结束。这一过程反映了膨胀机吸、排气控制机构的工作情况。从图 4-4 可以看出,随着膨胀机的工作频率的增加,膨胀机吸、排气孔口切换时间也在缩短,在频率为 36 Hz 左右时,仍能够正常控制膨胀机吸、排气孔口的开启和闭合。这说明该吸、排气控制机构在较高的频率下仍然可以正常工作。

从图 4-4 可以发现,膨胀机吸气过程中,工作腔内的压力受工作频率的影响较大。如图 4-4(a)所示,工作腔内压力先经历一个较小的压降后,即保持微小波动,膨胀机进入等压吸气过程,随着频率的提高,等压吸气过程逐渐消失。当频率达到 36 Hz 时,膨胀机吸气过程仅表现为压力上升到最大值之后的快速下降。之所以如此,是因为膨胀机活塞在气体力作用下向前运行,膨胀腔容积增大,导致膨胀腔内压力下降,而膨胀机吸气腔内的气体则在吸气腔与膨胀腔的压差作用下进入膨胀腔,促使膨胀腔内压力上升,当两者达到平衡时,膨胀腔内压力维持不变,在 p—t 图上表现为等压吸气过程。随着频率的增加,活塞速度不断增大,通过膨胀腔进口的气体流速增大,维持上述平衡所需要的压差也不断增大。在频率达到

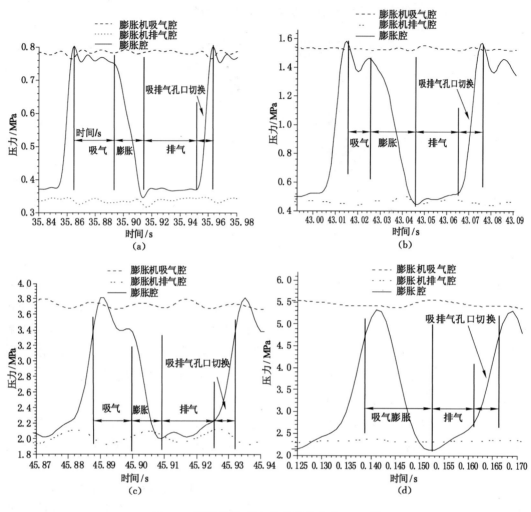

图 4-4　膨胀机吸、排气腔及膨胀腔内 $p—t$ 图
(a) 10.2 Hz；(b) 16.5 Hz；(c) 22.6 Hz；(d) 36.3 Hz

36 Hz 时,膨胀机进口与膨胀腔之间的压差还未增大到所需值时,膨胀机吸、排气控制结构已经关闭膨胀机吸气口,进入膨胀过程,在 $p—t$ 图上没有出现等压吸气过程。因此需要采取措施改善高频下的吸气过程,如减少膨胀腔到吸气腔之间的通道长度;增大吸气孔口直径。此外,还要尽量降低膨胀机工作频率。对图 4-4 中不同频率下的 $p—t$ 图比较分析发现,膨胀机合适的工作频率范围为 10～17 Hz。

对于膨胀机的膨胀过程,随着膨胀腔容积的增加,膨胀腔内压力迅速减小,但不同工作频率下,膨胀腔内压力变化稍有差异。图 4-4(d) 显示膨胀机出现一定的过膨胀现象,产生原因主要是高频下吸气不充分;图 4-4(a) 则显示膨胀机稍有欠膨胀现象发生,膨胀腔内压力在膨胀过程末期出现一个快速下降过程;图 4-4(b) 显示在该频率下,膨胀机呈现完全膨胀过程。

膨胀机排气过程中,膨胀腔内的压力变化同样与工作频率密切相关,可以看出,工作频率 10 Hz 左右时,膨胀机呈现等压排气过程,随着工作频率的增加,等压排气现象逐渐消失,其原因与吸气过程相似,随着频率增加,膨胀机排气过程经历的时间缩短,通过膨胀腔排气口的流速增加,流动阻力增大,最终导致膨胀机排气过程表现为膨胀腔内的压力升高过程。

4.2.4 膨胀机效率分析

在膨胀—压缩机的活塞上安装位移传感器,测得活塞位移与时间的变化关系,根据膨胀—压缩机的设计尺寸,将 p—t 图转化为 p—V 图,可以对膨胀机的效率进行分析。

图 4-5 给出了膨胀机在工作频率为 10.2 Hz 时的 p—V 图。不考虑余隙容积的影响,通过计算,此时膨胀机的指示效率,即实验曲线所围面积与理想曲线所围面积之比为77.4%。根据文献[164],估算出膨胀机摩擦损失约为 15%,因此膨胀机绝热效率约为 62%。

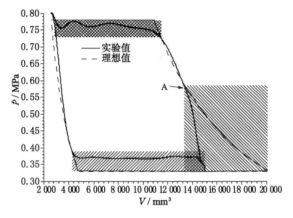

图 4-5 膨胀机的 p—V 图

图 4-5 的阴影部分反映了膨胀机吸、排气压力损失、欠膨胀、泄漏以及余隙容积等造成的损失。由于泄漏发生在膨胀机循环的各个阶段,从 p—V 图较难单独分离出来分析,本书将其造成的损失归结到各个阶段的损失中去。

利用图 4-5 所示的 p—V 图,对膨胀机效率损失作进一步分析,发现膨胀机的损失主要发生在膨胀机排气压力损失过程和膨胀过程。计算表明,膨胀机吸气阻力损失占理想膨胀功的 3.1%,排气阻力损失占 8.4%。膨胀机在膨胀过程起始阶段与理想的膨胀过程比较接近,当膨胀到一定程度时(图 4-5 中 A 点),实际膨胀过程逐渐偏离理想膨胀过程,这种偏离主要是膨胀机吸、排气控制机构提前开启排气口的缘故,其导致的损失约为 10.3%。

4.3 本 章 小 结

本章搭建了空气测试实验台,该实验台的主要优点是通过控制针阀可以随意调节膨胀机进出口的压差。对双作用膨胀—压缩机样机进行了测试,并对结果进行了详细分析与讨论。本章的主要研究成果有:

(1)在测试工况范围内,样机的工作频率 10～36 Hz,说明膨胀机的吸、排气控制机构在较宽的工作频率范围内能够正常工作,充分验证了膨胀机吸、排气控制原理的正确性。

(2)膨胀机的工作频率受工作压差的影响最大,随着工作压差的提高,工作频率基本呈线性增加。根据这一关系,可以外推出更高压差下的运转频率,这对估算膨胀—压缩机在跨

临界 CO_2 系统下的工作频率有很大的帮助。

（3）比较了膨胀驱动辅助压缩和单独运行两种情况下，膨胀机工作频率随压差的变化，发现膨胀机单独运行时频率随压差的增速明显高于驱动辅助压缩机情况，约为 3.3 倍。因此，可以考虑通过改变辅助压缩机功耗来改变膨胀机转速，达到流量调节的目的。

（4）对测得的膨胀腔内压力随时间的变化关系进行了分析，发现膨胀机等压吸气过程随频率的增大逐渐消失，进一步分析认为这一现象与气体通过孔口的阻力压降有关，频率增加，气体通过膨胀机吸孔口的流速增加，压降增加，当吸气孔口两侧压力差还未增加到所需阻力压降时，膨胀机吸气孔口已经关闭，进入膨胀过程，致使等压吸气过程消失。根据对等压吸气过程的分析，确定出膨胀机的合适工作频率范围为 10～17 Hz。

（5）根据测得的膨胀机 $p—V$ 图，对膨胀机各工作过程的损失进行了初步分析，其中排气过程和膨胀过程的损失相对较大，为进一步改进膨胀机的性能提供了实验依据。

5　双作用自由活塞式膨胀—压缩机的热力学模型

双作用自由活塞式膨胀—压缩机工作过程的热力学模拟是进行改进和优化设计的基础。本章通过应用变质量热力学、工程热力学、传热学及流体力学等理论,考虑泄漏、摩擦、传热和孔口流动阻力等因素的影响,建立了较为完善的热力学模型,并通过数学模型的求解研究其性能。

自由活塞式膨胀—压缩机的实际工作过程十分复杂,为了突出重点,提高计算效率,本书在模型的建立过程中采用了以下简化和假设:

(1) 系统在稳态工况下运行;

(2) 控制容积内工质的状态是均匀的;

(3) 忽略工质动能和势能;

(4) 不考虑膨胀机和压缩机进、出口压力脉动的影响;

(5) 对称两工作腔内工质的热力状态的变化规律相同。

5.1　控制容积内工质的能量方程

膨胀—压缩机的膨胀腔和压缩腔各自作为独立的开口系统,模拟时可分别对其建立热力学基本方程。取各自的气缸周壁、活塞顶部和端盖内壁为边界围成的容积为控制容积,则计算控制容积内工质的压力、温度、比容等热力参数随时间的变化,必须遵守能量守恒和质量守恒。

取其中一个控制容积,假设任意时刻控制容积内 CO_2 状态始终保持一致,忽略润滑油的影响。根据热力学第一定律,控制容积气体内能的变化为:

$$\frac{\mathrm{d}(m_c u_c)}{\mathrm{d}t} = \frac{\mathrm{d}Q_c}{\mathrm{d}t} + \frac{\mathrm{d}E_i}{\mathrm{d}t} + \frac{\mathrm{d}E_o}{\mathrm{d}t} + \frac{\mathrm{d}W_c}{\mathrm{d}t} \tag{5-1}$$

式中　　$\mathrm{d}Q_c$ ——传给控制体中工质的热量,kJ;

$\mathrm{d}E_i$ ——进入控制体内工质带入的能量,kJ;

$\mathrm{d}E_o$ ——离开控制体内工质带走的能量,kJ;

$\mathrm{d}W_c$ ——对控制体内工质所做的功,kJ;

$\mathrm{d}t$ ——时间间隔,s。

式(5-1)也可写成:

$$\frac{\mathrm{d}(m_c u_c)}{\mathrm{d}t} = \dot{Q}_c + \sum \dot{m}_i \left(h_i + \frac{V_i^2}{2} + g z_i \right) + \sum \dot{m}_o \left(h_o + \frac{V_o^2}{2} + g z_o \right) + \dot{W}_c \tag{5-2}$$

假设在每一个时间间隔 $\mathrm{d}t$ 内,控制容积的压力保持不变,则对控制体内工质所做的功为:

$$\dot{W}_c = -p_c \frac{\mathrm{d}V_c}{\mathrm{d}t} \tag{5-3}$$

式中　V_c——控制容积的瞬时容积，m^3。

考虑到 $u = h - pv$ 和 $v_c = \dfrac{V_c}{m_c}$，控制容积工质内能的变化率为：

$$\frac{\mathrm{d}(m_c u_c)}{\mathrm{d}t} = \frac{\mathrm{d}[m_c(h_c - p_c v_c)]}{\mathrm{d}t} = \frac{\mathrm{d}\left[m_c\left(h_c - p_c \dfrac{V_c}{m_c}\right)\right]}{\mathrm{d}t} = \frac{\mathrm{d}[(m_c h_c - p_c V_c)]}{\mathrm{d}t} \tag{5-4}$$

将式(5-4)展开，得：

$$\frac{\mathrm{d}(m_c u_c)}{\mathrm{d}t} = \frac{\mathrm{d}m_c}{\mathrm{d}t}h_c + m_c \frac{\mathrm{d}h_c}{\mathrm{d}t} - p_c \frac{\mathrm{d}V_c}{\mathrm{d}t} - V_c \frac{\mathrm{d}p_c}{\mathrm{d}t} \tag{5-5}$$

忽略进、出控制体容积气体动能和势能，将式(5-3)和式(5-5)代入式(5-2)：

$$\frac{\mathrm{d}m_c}{\mathrm{d}t}h_c + m_c \frac{\mathrm{d}h_c}{\mathrm{d}t} - V_c \frac{\mathrm{d}p_c}{\mathrm{d}t} = \frac{\mathrm{d}Q_c}{\mathrm{d}t} + \sum \frac{\mathrm{d}m_i}{\mathrm{d}t}h_i + \sum \frac{\mathrm{d}m_o}{\mathrm{d}t}h_o \tag{5-6}$$

工质的 h 和 p 是 T 和 v 的函数，则 h_c 和 p_c 全导数的表达式为：

$$\frac{\mathrm{d}h_c}{\mathrm{d}t} = \left(\frac{\mathrm{d}h_c}{\mathrm{d}v_c}\right)_T \frac{\mathrm{d}v_c}{\mathrm{d}t} + \left(\frac{\mathrm{d}h_c}{\mathrm{d}T_c}\right)_v \frac{\mathrm{d}T_c}{\mathrm{d}t} \tag{5-7}$$

$$\frac{\mathrm{d}p_c}{\mathrm{d}t} = \left(\frac{\mathrm{d}p_c}{\mathrm{d}v_c}\right)_T \frac{\mathrm{d}v_c}{\mathrm{d}t} + \left(\frac{\mathrm{d}p_c}{\mathrm{d}T_c}\right)_v \frac{\mathrm{d}T_c}{\mathrm{d}t} \tag{5-8}$$

式中：

$$\frac{\mathrm{d}v_c}{\mathrm{d}t} = \frac{\mathrm{d}\left(\dfrac{V_c}{m_c}\right)}{\mathrm{d}t} = \frac{1}{m_c}\frac{\mathrm{d}V_c}{\mathrm{d}t} - \frac{V_c}{m_c^2}\frac{\mathrm{d}m_c}{\mathrm{d}t} \tag{5-9}$$

控制容积变化率：

$$\frac{\mathrm{d}V_c}{\mathrm{d}t} = \frac{d(A_c S_{piston} + V_0)}{\mathrm{d}t} = A_{piston}\frac{\mathrm{d}S_{piston}}{\mathrm{d}t} \tag{5-10}$$

式中　S_{piston}——活塞的位移，m/s；

　　　A_c——控制容积的气缸截面积，m^2；

　　　V_0——余隙容积，m^3。

假设控制容积内工质流出为瞬时稳定流，则 $h_c = h_o$，将式(5-7)、式(5-8)和式(5-9)代入式(5-6)，经过整理可得出控制容积内工质压力变化率的控制方程：

$$\frac{\mathrm{d}p_c}{\mathrm{d}t} = \frac{\dfrac{1}{v_c}\left[(\partial h_c/\partial v_c)_T - \dfrac{(\partial p_c/\partial v_c)_T (\partial h_c/\partial T_c)_v}{(\partial p_c/\partial T_c)_v}\right]\dfrac{\mathrm{d}v_c}{\mathrm{d}t}}{1 - \dfrac{1}{v_c}\dfrac{(\partial h_c/\partial T_c)_v}{(\partial p_c/\partial T_c)_v}} - \frac{\dfrac{1}{V_c}\left\{\sum\left[\dfrac{\mathrm{d}m_i}{\mathrm{d}t}(h_i - h_c)\right] + \dfrac{\mathrm{d}Q_c}{\mathrm{d}t}\right\}}{1 - \dfrac{1}{v_c}\dfrac{(\partial h_c/\partial T_c)_v}{(\partial p_c/\partial T_c)_v}}$$

$$\tag{5-11}$$

5.2　控制容积内工质的质量变化

自由活塞式膨胀—压缩机在工作过程中，由于吸排气流动和泄漏等使控制容积内工质质量发生变化。根据质量守恒方程，膨胀—压缩机控制容积内工质质量变化为：

$$\frac{\mathrm{d}m_c}{\mathrm{d}t} = \frac{\mathrm{d}m_i}{\mathrm{d}t} + \frac{\mathrm{d}m_o}{\mathrm{d}t} \tag{5-12}$$

式中　$\dfrac{\mathrm{d}m_i}{\mathrm{d}t}$ ——流入控制容积的质量流量，kg/s；

$\dfrac{\mathrm{d}m_o}{\mathrm{d}t}$ ——流出控制容积的质量流量，kg/s。

自由活塞式膨胀—压缩机的工作中，活塞在外力作用下在气缸内运动，形成吸气过程、压缩（膨胀）过程和排气过程。不同的工作过程下，式（5-12）中流入和流出控制容积的质量流量项有所不同。

5.2.1　吸气过程

活塞压缩机部分在吸气过程中，控制容积内的质量变化主要由吸气管道内的工质通过吸气口流入、排气管道内的高压工质通过排气阀泄漏进入以及膨胀腔内的高压工质通过活塞环间隙泄漏进入控制体引起。活塞膨胀机部分在吸气过程中的质量变化主要由吸气腔内的工质通过吸气口流入控制体，控制体内的工质通过排气阀间隙流出和通过活塞环间隙流出控制体引起。

$$\frac{\mathrm{d}m_c}{\mathrm{d}t} = \frac{\mathrm{d}m_{in}}{\mathrm{d}t} + \sum \frac{\mathrm{d}m_{leak}}{\mathrm{d}t} \tag{5-13}$$

式中，$\dfrac{\mathrm{d}m_{leak}}{\mathrm{d}t}$ 流入控制体为正，流出控制体为负。

5.2.2　压缩（膨胀）过程

在压缩（膨胀）过程中，控制体为一密闭容积，其质量变化主要由泄漏引起。对于活塞压缩机部分包括通过吸、排气阀的泄漏和与膨胀腔之间的泄漏。对于活塞膨胀机部分包括通过吸、排气阀的泄漏、与压缩机腔之间的泄漏和与中间腔之间的泄漏。泄漏方向由泄漏通道两边的压力决定，总是从高压侧向低压侧泄漏。

$$\frac{\mathrm{d}m_c}{\mathrm{d}t} = \sum \frac{\mathrm{d}m_{leak}}{\mathrm{d}t} \tag{5-14}$$

5.2.3　排气过程

在排气过程中，控制容积内质量变化主要由工质泄漏和工质通过排气口的流动引起。但是受欠压缩或过膨胀的影响，该过程不是始终由控制体流向排气管道或排气腔，而是有时会出现倒流现象。排气过程中的泄漏仍在与控制体相连的泄漏通道内出现，方向由泄漏通道两端压力决定。

$$\frac{\mathrm{d}m_c}{\mathrm{d}t} = \sum \frac{\mathrm{d}m_{leak}}{\mathrm{d}t} + \frac{\mathrm{d}m_{out}}{\mathrm{d}t} \tag{5-15}$$

5.3　孔口流动模型

工质流过压缩机和膨胀机的吸、排气阀是一个十分复杂的过程，受到工质和通道壁面的瞬时传热，制冷剂和油的两相可压缩流动及阀的运动等因素的影响。为了计算方便，通常可以简化为多变可压缩流动或者不可压缩流动来处理，忽略工质中油的影响，多变可压缩流动模型，工质通过阀的质量流量计算公式[165]为：

$$\dot{m}_v = C_d A_v \sqrt{\frac{2n}{n-1} p_{up} \rho_{up} \left(\frac{p_{dn}}{p_{up}}\right)^{2/n} \left[1 - \left(\frac{p_{dn}}{p_{up}}\right)^{(n-1)/n}\right]} \tag{5-16}$$

式中　C_d ——流量修正系数；

　　　A_v ——阀的瞬时有效流通截面积，m^2；

　　　n ——多变指数。

对于不可压缩流动模型，工质通过阀的流动可以模拟成通过孔口的流动。

单相流动[117]：

$$\dot{m}_v = C_d A_v \sqrt{\frac{2\rho_{up}\Delta p}{1-\beta^4}} \tag{5-17}$$

式中　Δp ——孔口上下游压差，MPa；

　　　β ——孔口上游通道直径与孔口直径比值。

式(5-17)中流量系数 C_d 由式(5-18)计算。

$$C_d = 0.595\,9 + 0.031\,2\beta^{2.1} - 0.184\beta^8 + (0.002\,9\beta^{2.5})\left(\frac{10^6}{Re}\right)$$

$$(10^4 < Re < 10^7) \tag{5-18}$$

式中的雷诺数 $Re(t)$ 按阀的上游特征尺寸和流速计算。

两相流动[117]：

$$m_v = C_d A_v \sqrt{\frac{\dfrac{2\rho_{up}\Delta p}{1-\beta^4}}{(1-x_{up})\theta + x_{up}\sqrt{\rho_l/\rho_g}}} \tag{5-19}$$

$$\theta = 1.486\,25 - 9.265\,41\frac{\rho_g}{\rho_l} + 44.695\,4\left[\left(\frac{\rho_g}{\rho_l}\right)^2 - 60.615\frac{\rho_g}{\rho_l}\right]^3 -$$

$$5.129\,66\left[\left(\frac{\rho_g}{\rho_l}\right)^4 - 26.574\,3\frac{\rho_g}{\rho_l}\right]^5$$

$$0.1 \leqslant x_{up} \leqslant 1.0, \rho_g/\rho_l \leqslant 0.328, p/p_{crit} \leqslant 0.831\,9 \tag{5-20}$$

CO_2 空调系统在典型工况下，当工质流过孔口压差在 0.1 MPa 时，不可压缩流动模型和绝热可压缩流动模型的计算值相差小于 3%[117]，因此，CO_2 通过压缩机吸、排气阀可模拟为通过孔口的不可压缩流动。

式(5-17)和式(5-19)不适用于阻塞流，因此在计算时，需要比较阀的出口背压与临界压力的大小，如果背压小于临界压力，则根据阀出口处的音速计算流过阀的质量流量。

5.4　泄漏模型

膨胀—压缩机中工质的泄漏会使效率降低，因此建立合理的泄漏模型，对研究膨胀机和压缩机的性能有重要意义。不同结构类型的膨胀机和压缩机，其泄漏形式不尽相同，对于本书研究的自由活塞式膨胀—压缩机，其泄漏主要包括通过阀门间隙的泄漏和通过活塞环的泄漏，其中通过活塞环的主要泄漏途径是通过活塞环切口间隙、活塞环与气缸镜面间隙和活塞环与环槽间隙。

5.4.1　平板间的黏性流动模型

活塞环与气缸镜面间隙相对于气缸直径很小，因此流经活塞环与气缸镜面间隙的流动可简化为两平板间平行流动，如图 5-1 所示[168]。

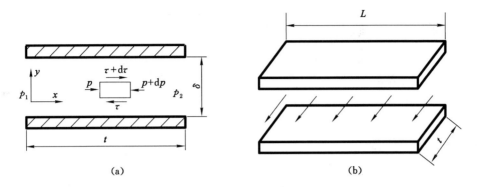

图 5-1　平板间隙泄漏模型

对流体中一微元体做受力分析,可得如下平衡方程:

$$p \mathrm{d}y - (p + \mathrm{d}p) \mathrm{d}y - \tau \mathrm{d}x + (\tau + \mathrm{d}\tau) \mathrm{d}x = 0 \qquad (5\text{-}21)$$

假设流体为牛顿流体,将 $\tau = \mu \dfrac{\mathrm{d}u}{\mathrm{d}y}$ 代入式(5-21)并考虑边界条件,可得到平板中的速度分布。

$$u = \frac{1}{2\mu}(y^2 - \delta y)\frac{\mathrm{d}p}{\mathrm{d}x} \qquad (5\text{-}22)$$

假设通道中的压力呈线性分布,通过流道的流量为:

$$\dot{m} = L \int_0^\delta \rho u \, \mathrm{d}y = \frac{\rho \delta^3 L}{12 \mu t}(p_1 - p_2) \qquad (5\text{-}23)$$

当下平板以速度 V_0 相对于上平板运动时,流体在平板中的速度分布为:

$$u = \frac{1}{2\mu}(y^2 - \delta y)\frac{\mathrm{d}p}{\mathrm{d}x} \pm \left(1 - \frac{y}{\delta}\right)V_0 \qquad (5\text{-}24)$$

式(5-24)中当平板运动速度与流体速度同向取正号,反向取符号。

通过流道的流量为:

$$\dot{m} = L \int_0^\delta \rho u \, \mathrm{d}y = \frac{\rho \delta^3 L}{12 \mu t}(p_1 - p_2) \pm \frac{\rho L \delta}{2}V_0 \qquad (5\text{-}25)$$

5.4.2　狭窄通道的流动模型

通过活塞环切口和气阀间隙的泄漏可以简化为通过狭窄通道的流动,假设流动是一维的稳定流动,由热力学第一定律,小孔出口处的流速为:

$$u_{\text{out}} = \sqrt{2q - 2(h_{\text{out}} - h_{\text{in}}) - 2g(z_{\text{out}} - z_{\text{in}}) + u_{\text{in}}^2} \qquad (5\text{-}26)$$

假设流动为绝热、无内热源的流动,势能忽略不计,相对于出口速度 u_{out} 入口速度 u_{in} 可忽略,则式(5-26)可简化为:

$$u_{\text{out}} = \sqrt{2(h_{\text{in}} - h_{\text{out}})} \qquad (5\text{-}27)$$

因此,小孔出口质量流量为:

$$\dot{m} = \frac{a A_{\text{out}}}{v_{\text{out}}}\sqrt{2(h_{\text{in}} - h_{\text{out}})} \qquad (5\text{-}28)$$

式中　　a ——流量系数,考虑到润滑油的影响很小,取值为 0.8[169];

　　　　A_{out} ——小孔流动截面积,m^2。

一般情况下,通过小孔出口处的流体最大流速为当地音速,当计算得到的小孔出口流速 u_{out} 高于当地 a_{sound} 时,质量流量由下式计算:

$$\dot{m}_{cr} = aA_{out}\rho_{cr}a_{sound} = aA_{out}\rho_{cr}\sqrt{2(h_{in} - h_{cr})} \tag{5-29}$$

式中,下表 cr 表示临界状态。

当地音速,在工质为单相时由定义式计算,工质为两相时,根据文献[122]计算。

5.5 传 热 方 程

工质从吸气流道进入膨胀—压缩机的工作腔,膨胀或被压缩后,排入排气流道,这一过程中不断受到接触壁面的加热或冷却,造成了有效能的损失,为了分析传热对整机性能的影响,有必要建立传热模型。通过对膨胀—压缩机工作时各个腔体的温度分布分析,考虑到机壳与环境的自然对流换热热阻远大于工作腔内部的对流换热热阻和壳体的导热热阻,本书假设机器壳体与环境绝热,并重点考虑气缸内工质与工作腔壁面的换热以及膨胀机与压缩机缸体之间的导热。

5.5.1 压缩机气缸内的换热方程

气体与缸壁间的温差导致它们之间的热交换,根据傅立叶公式,dt 时间内,压缩机工作腔内工质传给气缸内壁微元面积 dF 的换热量为:

$$dQ(t,F) = \alpha(t,F)[T_w(t,F) - T(t)]dFdt \tag{5-30}$$

式中　$\alpha(t,F)$ ——工质与壁面之间的换热系数,W/(m² · K);

　　　$T(t)$ ——工质温度,K;

　　　$T_w(t,F)$ ——与 dF 相应的气缸壁温,K。

为了方便计算,简化传热面积的位置函数对传热量的关系,以壁面平均换热系数 $\alpha(t)$ 和平均气缸壁温 $T_w(t)$ 替代气缸壁面上各点处的换热系数 $\alpha(t,F)$ 和壁温 $T_w(t,F)$,得到 dt 时间内在整个接触面积 F 上工质与壁面的传热量。

$$dQ(t) = \alpha(t)[T_w(t) - T(t)]F(t)dt \tag{5-31}$$

式中　$\alpha(t)$ ——t 时刻,工质与壁面之间的平均换热系数,W/(m² · K);

　　　$F(t)$ ——t 时刻,工质与气缸壁的换热面积,m²;

　　　$T_w(t)$ ——t 时刻,气缸平均壁温,K。

热交换的复杂性在于换热系数的确定。针对压缩机工作腔内工质与壁面之间的对流换热系数,许多文献[170-172]进行了研究并得出了相关的计算关联式。M. L. Todescat (1993)[173] 和 F. Fagotti(1994)[174] 对这些关联式进行了计算并与实验结果进行了对比,发现 R. Liu 和 Z. Zhou(1984)[172] 的模型计算的传热量偏大且在某些工况下结果不连续,R. P. Adair(1972)[170] 的模型计算的传热量则偏小,W. J. D. Annand(1963)[171] 的模型计算结果与实验结果符合最好。因此,本书采用 W. J. D. Annand 的模型来计算压缩机工作腔中工质与壁面之间换热系数,其计算式如下:

$$Nu = 0.7Pe(t)^{0.7} \tag{5-32}$$

$$Pe(t) = Re(t) \cdot Pr(t) \tag{5-33}$$

式中,Re 和 Pr 为工质的雷诺数和普朗特数,其表达式分别为:

$$Re = \frac{\rho(t) u_{\text{piston}} D_{\text{e}}}{\mu(t)} \tag{5-34}$$

$$Pr = \frac{c_{\text{p}} \mu}{\lambda} \tag{5-35}$$

式中　u_{piston} ——活塞的平均运动速度,m/s;

　　　λ ——工质导热系数,W/(m・K);

　　　μ ——工质动力黏度,kg/(m・s);

　　　c_{p} ——工质定压比热,kJ/(kg・K);

　　　D_{e} ——气缸的当量直径,m,计算式为:

$$D_{\text{e}} = \frac{4f}{U} \tag{5-36}$$

式中　f ——工作腔截面积,m^2;

　　　U ——工作腔的润湿周长,m。

5.5.2　膨胀机气缸内的换热方程

目前公开的文献中,还没有被实验验证的有关膨胀机工作腔内工质与气缸壁传热的文献。为了考虑传热对膨胀机性能的影响,本书采用光管内湍流强制对流换热系数计算公式来计算膨胀缸内工质与缸壁的换热系数。

膨胀腔内工质为单相时,采用 Dittus-Boelter 公式[151]计算。

$$Nu = 0.023 Re^{0.8} Pr^n \tag{5-37}$$

计算式(5-37)中的 Re 和 Pr 时,采用流体的平均温度为定性温度,当量内径为特征尺寸。加热工质时 $n = 0.4$,冷却工质时 $n = 0.3$。

膨胀腔内工质为两相时,液滴的蒸发作用会强化工质与缸壁的换热,因此本书采用光管内两相沸腾换热公式计算。丁国良[160]利用马里兰大学提供的 CO_2 在水平光管内的实验数据,对目前常用的计算亚临界 CO_2 沸腾换热关联式进行了误差分析,认为 Gungor-Winteron (1986)关联式的误差最小,平均误差在 14% 以内。

Gungor-Winteron(1986)关联式的具体形式如下:

$$\alpha = E\alpha_1 + S\alpha_{\text{pool}} \tag{5-38}$$

$$\alpha_1 = 0.023 \left(\frac{\lambda_1}{D} \right) Re_1^{0.8} Pr_1^{0.4} \tag{5-39}$$

$$\alpha_{\text{pool}} = 55 \left(\frac{p_{\text{sat}}}{p_{\text{crit}}} \right)^{0.12} \left(-\log_{10} \left(\frac{p_{\text{sat}}}{p_{\text{crit}}} \right) \right)^{-0.55} M^{-0.5} q^{0.67} \tag{5-40}$$

$$E = 1 + 24\,000 Bo^{1.16} + 1.37 X_{\text{tt}}^{-0.86} \tag{5-41}$$

$$S = (1 + 1.15 \times 10^{-6} E^2 Re_1^{1.17})^{-1} \tag{5-42}$$

$$X_{\text{tt}} = \left(\frac{\mu_1}{\mu_{\text{v}}} \right)^{0.1} \left(\frac{\rho_{\text{v}}}{\rho_1} \right)^{0.5} \left(\frac{(1-x)}{x} \right)^{0.9} \tag{5-43}$$

式中　δ——表面张力,N/m;

　　　k_1——导热系数,W/(m・℃);

　　　M——相对分子质量;

　　　Bo——沸腾数;

　　　q——热流密度,W/m^2;

h_{fg}——潜热，kJ/kg。

5.5.3 压缩机与膨胀机缸体间的导热方程

膨胀—压缩机工作时，压缩机缸体和膨胀机缸体之间存在温差，使得热量在两缸体之间相互传递，根据傅立叶公式膨胀机和压缩机缸体间的传热量为：

$$\mathrm{d}Q(t) = \frac{\lambda F\left[T_{\text{w,C}}(t) - T_{\text{w,E}}(t)\right]\mathrm{d}t}{L} \tag{5-44}$$

式中　λ——缸体的导热系数，W/(m·K)；

$T_{\text{w,C}}(t)$——压缩机缸体的平均壁温，K；

$T_{\text{w,E}}(t)$——膨胀机缸体的平均壁温，K；

F——导热面积，m^2；

L——导热长度，m。

5.6 膨胀机和压缩机的耦合求解

上面讨论的模型方程中，能量方程和质量连续方程是模拟工作过程的主要方程，为了求得工作腔中工质状态参数随时间变化，还需要引入动力学模型中活塞的运动方程和阀片的运动方程，其将在下一章详细描述。热交换方程和泄漏方程则作为能量方程和质量连续方程的补充。

将上述模型应用于膨胀—压缩机中，得到一组描述膨胀—压缩机工作过程的微分方程：

$$\begin{cases} \mathrm{d}p_{\text{c,ed}}/\mathrm{d}t = f(p_{\text{c,ed}}, m_{\text{c,ed}}, V_{\text{piston}}, S_{\text{piston}}) \\ \mathrm{d}m_{\text{c,ed}}/\mathrm{d}t = f(p_{\text{c,ed}}, m_{\text{c,ed}}, V_{\text{piston}}, S_{\text{piston}}) \\ \mathrm{d}p_{\text{c,c}}/\mathrm{d}t = f(p_{\text{c,c}}, m_{\text{c,c}}, V_{\text{valve}}, y_{\text{valve}}, V_{\text{piston}}, S_{\text{piston}}) \\ \mathrm{d}m_{\text{c,c}}/\mathrm{d}t = f(p_{\text{c,c}}, m_{\text{c,c}}, V_{\text{valve}}, y_{\text{valve}}, V_{\text{piston}}, S_{\text{piston}}) \\ \mathrm{d}V_{\text{valve}}/\mathrm{d}t = f(p_{\text{c,c}}, m_{\text{c,c}}, V_{\text{valve}}, y_{\text{valve}}, V_{\text{piston}}, S_{\text{piston}}) \\ \mathrm{d}y_{\text{valve}}/\mathrm{d}t = f(p_{\text{c,c}}, m_{\text{c,c}}, V_{\text{valve}}, y_{\text{valve}}, V_{\text{piston}}, S_{\text{piston}}) \\ \mathrm{d}V_{\text{piston}}/\mathrm{d}t = f(p_{\text{c,ed}}, p_{\text{c,c}}, p_{\text{c,ed}}^0, p_{\text{c,c}}^0) \\ \mathrm{d}S_{\text{piston}}/\mathrm{d}t = f(V_{\text{piston}}) \end{cases} \tag{5-45}$$

式中，$p_{\text{c,ed}}^0$，$p_{\text{c,c}}^0$ 为对面膨胀腔和压缩腔内工质压力，Pa。

该方程组为一阶微分方程组，给出初始条件后，应用四阶 Runge-Kutta 法可求出工作腔每一瞬的工质的状态参数，从而可以得出表现微观性能的 p—V 图和表示宏观性能特征的流量、效率等目标参数。

需要指出的是，方程组(5-45)中活塞的速度微分方程中含有对面膨胀腔和压缩腔工质的压力参数，因此未知量个数多于方程个数，无法构成一个封闭的方程组。如果建立封闭的方程组还需要以对面的膨胀腔和压缩腔为研究对象建立相应的微分方程组，使方程个数增加一倍，增大了计算量和求解难度。

根据对膨胀—压缩机在结构上的对称性特征分析，膨胀—压缩机工作一个循环，两侧膨胀腔或压缩腔内工质的变化趋势完全一致，仅在相位上相差 $180°$，因此本书将对面膨胀腔和压缩腔内工质状态参数作为已知量来处理，其值取上一次循环得出的膨胀腔和压缩腔内工质的状态参数变化。初次迭代循环时,假设活塞以某一速度匀速运动并完成一个循环,这样活塞的速度变化微分方程不需要迭代计算,因此可解出工作腔内工质的状态变化,并作为下一次计算的初始值。经过多次迭代后,初次循环中的假设和对面工作腔取上一次的计算结果的影响将逐步消失,膨胀腔和压缩腔的计算结果逼近机器稳态工作时工作腔的参数值。

此外,迭代计算中,每一时间步长均需要检测活塞是否与滑杆或端部缸壁发生碰撞以及压缩机阀片是否与阀座或升程限制器发生碰撞,如果碰撞则执行碰撞模型。完成一个循环的迭代计算后,活塞回到初始位置,比较最后一步和第一步的膨胀机和压缩机工作腔内工质状态,来判断循环是否收敛。计算流程图如图 5-2 所示。

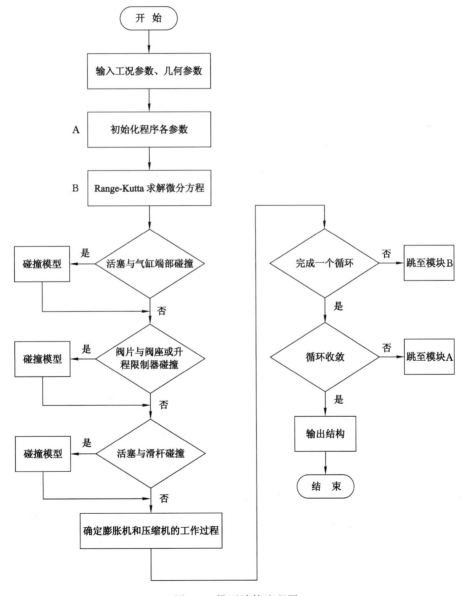

图 5-2 模型计算流程图

5.7　本章小结

　　本章详细研究了双作用自由活塞式膨胀机的内部微观工作过程,根据能量与质量守恒定律,运用控制容积法建立了变质量的工作过程热力学模型。根据对不同泄漏通道和流态的分析,建立了相应的间隙泄漏模型。根据 CO_2 工质通过孔口的状态,建立了膨胀—压缩机孔口的单相和两相流动模型,解决了 CO_2 工质在两相区的影响。考虑到目前公开文献尚无描述膨胀机腔内两相换热情况,采用水平光管内两相换热来考虑液滴蒸发对换热的强化。在膨胀机和压缩机耦合求解过程中,根据双作用对称的特点,将对面膨胀腔和压缩腔内工质状态参数作为已知量来处理,其值取上一次循环得出的膨胀腔和压缩腔内工质的状态参数变化,有效地减少了计算量,缩短了模型的收敛时间。

　　借助本章对双作用自由活塞式膨胀—压缩机的热力学微观工作过程的研究,可以对不同结构参数、不同运行工况下的双作用自由活塞式膨胀—压缩机进行热力过程分析和性能预测,为后续膨胀—压缩机的改进和完善奠定了良好的理论基础。

6　双作用自由活塞式膨胀—压缩机的动力学模型

传统活塞式膨胀机或压缩机的动力学，一般是分析曲柄连杆机构的运动规律和受力情况，本书研究的自由活塞式膨胀—压缩机取消了曲柄连杆机构，因此其动力学研究与传统的活塞膨胀机和压缩机不同，主要对活塞的运动和受力进行分析，计算出其运动规律和工作频率。

6.1　活塞受力分析

双作用自由活塞式膨胀—压缩机在工作时，活塞主要受沿轴向的气体力、摩擦力以及驱动控制滑杆时受到的推力，具体受力情况已经在设计模型中进行了说明，本章不再赘述。

6.1.1　气体力

气缸内作用在活塞上的气体力等于活塞截面积与气体缸内压力乘积。

$$F_{\mathrm{gas,piston}} = A_{\mathrm{piston}} p_{\mathrm{piston}} \tag{6-1}$$

对于一定的膨胀—压缩机，其气缸直径一定，因此在活塞上的气体力完全决定于气缸内气体压力的变化规律。

6.1.2　摩擦力

膨胀—压缩机工作时，接触部件只要发生相对运动，就产生摩擦力。根据对自由活塞式膨胀—压缩机结构特点和工作特性分析，机器内部的摩擦力主要发生在活塞环或支承环与气缸镜面之间。由于本书研究的膨胀—压缩机的活塞环和支承环均采用自润滑材料（聚四氟乙烯），与气缸镜面之间处于干摩擦状态，普通压缩机中的基于雷诺方程建立的摩擦模型不再适用，并且目前有关自润滑材料活塞环与气缸镜面的摩擦模型非常少，为了考虑摩擦对膨胀—压缩机的影响，本节仍采用 3.4.2 节中的摩擦模型来处理。

6.2　活塞的运动模型

自由活塞式膨胀—压缩机由于取消了曲柄连杆机构，活塞在往复运动中几乎不受侧向力，运动规律完全由作用在活塞上的轴向合力和本身质量决定。

根据能量守恒定律，在任意时间步长 $\mathrm{d}t$ 内，活塞动能的变化等于作用在活塞上的外力所做的功：

$$\frac{1}{2} m_{\mathrm{piston}} V_{\mathrm{piston}}^2 - \frac{1}{2} m_{\mathrm{piston}} V_{\mathrm{piston}}'^2 = \int_0^{\mathrm{d}S} \sum F \mathrm{d}x \tag{6-2}$$

式中　　V_{piston}——活塞在该时间间隔末的速度，$\mathrm{m/s}$；

V'_{piston} ——活塞在该时间间隔初的速度，m/s；

dS ——该时间间隔活塞的位移，m。

如果时间步长 dt 取的足够小，工作腔内的压力变化很小，可视为恒定，根据活塞的受力分析，可知活塞所受合力不变，则公式(6-2)简化为：

$$\frac{1}{2} m_{piston} V_{piston}^2 - \frac{1}{2} m_{piston} V'^2_{piston} = \left(\sum F\right) dS \tag{6-3}$$

dt 时间间隔内，活塞的位移为：

$$dS = V'_{piston} dt + \frac{1}{2} \frac{dV(t)_{piston}}{dt} (dt)^2 = V'_{piston} dt + \frac{1}{2} \frac{\sum F}{m_{piston}} (dt)^2 \tag{6-4}$$

式(6-4)代入式(6-3)，并整理得出该时间间隔末活塞的速度计算公式：

$$V_{piston} = \sqrt{V'^2_{piston} + 2 \frac{\sum F}{m_{piston}} \left[V'_{piston} dt + \frac{1}{2} \frac{\sum F}{m_{piston}} (dt)^2\right]} \tag{6-5}$$

在任意时刻 t 时，活塞的位移等于 t 时刻之前的 n 个时间间隔位移之和，即：

$$S_{piston} = \sum_{i=0}^{n} dS_i \tag{6-6}$$

式中，ΔS_i 为第 i 个时间间隔 dt 内的活塞位移。

6.3 膨胀—压缩机的气阀运动模型

气阀是膨胀—压缩机的重要部件之一，它控制着压缩机的整个工作过程，因此需要对膨胀—压缩机的吸排气阀建立数学模型描述其运动规律。气阀运动规律模型主要包括工质通过气阀流动模型和阀片（压缩机）或滑杆（膨胀机）运动规律模型。

6.3.1 压缩机阀片运动模型

本书设计的压缩机使用的是单孔条状舌簧阀，可将其简化为端部受集中载荷的等宽簧片阀，则阀片端点位移由式(6-7)计算[166]。

$$\frac{d^2 y}{dt^2} + \frac{1.875^4 a^2}{L_v^4} y = \frac{4 F_v}{A_v \rho_v L_v} \tag{6-7}$$

$$a = \sqrt{\frac{E_v J_v}{\rho_v A_v}} \tag{6-8}$$

式中　y ——阀片受力端点位移，m；

　　　L_v ——阀片从固定点到受力端点的长度，m；

　　　F_v ——阀片端点处的集中载荷，N；

　　　A_v ——阀片的截面积，m^2；

　　　ρ_v ——阀片密度，kg/m^3；

　　　E_v ——阀片材料的弹性模数，N/m^2；

　　　J_v ——阀片截面惯性矩，m^4。

如图 6-1 所示，簧片阀在开启过程中，不是平行于阀座，而是倾斜一定角度，因此在计算阀片端点处集中作用力时，做了一些简化，以阀孔中心升程高度 h_0 作为整个阀孔四周升程的平均值，在弯曲位置，作用在阀片上的气流推力，看成是平均升程 h_0 的平行位置上气流推力,作用力通过阀孔中线,则阀片端部受力为。

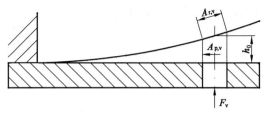

图 6-1 单孔条状舌簧阀气流推力分析图

$$F_v = \beta_v(h_0)A_{p,v}\Delta p(t) \tag{6-9}$$

式中 $\beta_v(h_0)$ ——推力系数,由实验确定或参考文献[166];

      $A_{p,v}$ ——阀孔的迎风面积,m^2。

计算阀片运动规律时,运动微分方程仅适用于阀片处于阀座和升程限制器之间的运动情况,当阀片的计算位移大于最大升程,阀片与升程限制器发生碰撞,当计算位移小于零时,阀片会与阀座发生碰撞。当碰撞发生时,本书采用反弹模型来处理阀片撞击前后速度的关系。

$$\left(\frac{dy}{dt}\right)_{reb} = -C_r\left(\frac{dy}{dt}\right)_{imp} \tag{6-10}$$

式中 $\left(\dfrac{dy}{dt}\right)_{reb}$ ——阀片反弹速度,m/s;

      $\left(\dfrac{dy}{dt}\right)_{imp}$ ——阀片碰撞时速度,m/s;

      C_r ——反弹系数,本书取 0.2[167]。

6.3.2 膨胀机气阀的控制滑杆运动模型

由于膨胀机工作的特殊性,其气阀为主动阀,本书设计的膨胀机吸、排气阀由主活塞控制,其工作原理在 3.2.2 节有详细描述。根据膨胀机吸、排气阀的工作特点可以发现,在开启和关闭过程中,滑杆始终与主活塞的运动保持同步。因此,膨胀机滑杆的瞬时位移为:

$$S_{slider} = S_{piston} - S'_{piston} \tag{6-11}$$

式中 S_{piston} ——主活塞位移,m,由式(6-6)计算;

      S'_{piston} ——主活塞开始驱动滑杆时的位移,m。

主活塞撞击滑杆并带动其一起运动,可认为是非弹性碰撞,因此主活塞与滑杆碰撞后的速度为:

$$\left(\frac{dS_{piston}}{dt}\right)'_{imp} = \frac{m_{piston}}{m_{piston}+m_{slider}}\left(\frac{dS_{piston}}{dt}\right)_{imp} \tag{6-12}$$

式中 $\left(\dfrac{dS_{piston}}{dt}\right)'_{imp}$ ——碰撞后速度,m/s;

      $\left(\dfrac{dS_{piston}}{dt}\right)_{imp}$ ——碰撞前速度,m/s;

      m_{slider} ——滑杆质量,kg;

      m_{piston} ——主活塞质量,kg。

6.4 膨胀—压缩机的效率和功耗分析

6.4.1 摩擦功耗

摩擦功耗是指双作用自由活塞式膨胀机工作时因内部机械摩擦引起的损失,主要为活塞环和支承环处的损失。

$$P_{\text{fric}} = \frac{N}{30} \int_0^S \sum F_{\text{fric}} \, \mathrm{d}x \tag{6-13}$$

式中　N——膨胀—压缩机转速,r/min;

S——行程,m;

F_{fric}——各处的摩擦力,N。

6.4.2 碰撞功耗

膨胀—压缩机工作时,活塞驱动滑杆控制膨胀机吸、排气口开启或闭合和活塞运行到上、下止点时均发生碰撞,从而产生碰撞损失。

活塞与滑杆间的碰撞功耗:

$$P_{\text{ps}} = \frac{N}{30} \left[\frac{1}{2} m_{\text{piston}} V'^2_{\text{ps,piston}} - \frac{1}{2} (m_{\text{piston}} + m_{\text{slider}}) V^2_{\text{ps,piston}} \right] \tag{6-14}$$

活塞在上下止点处与气缸的碰撞损失功耗:

$$P_{\text{imp}} = \frac{N}{30} \left[\frac{1}{2} (m_{\text{piston}} + m_{\text{slider}}) (V'^2_{\text{imp,piston}} - V^2_{\text{imp,piston}}) \right] \tag{6-15}$$

式中　P_{ps}——活塞与滑杆碰撞功耗,W;

$V'_{\text{ps,piston}}$——与滑杆碰撞前,活塞速度,m/s;

$V_{\text{ps,piston}}$——与滑杆碰撞后,活塞速度,m/s;

P_{imp}——活塞止点处的碰撞功耗,W;

$V'_{\text{imp,piston}}$——活塞止点处碰撞前速度,m/s;

$V_{\text{imp,piston}}$——活塞止点处碰撞后速度,m/s。

6.4.3 指示效率

压缩机指示效率定义为理想等熵压缩过程功耗 $W_{\text{is,c}}$ 与实际压缩的指示功耗 $W_{\text{ind,c}}$ 的比值。对于膨胀机,指示效率定义为实际膨胀指示功 $W_{\text{ind,ed}}$ 与理想等熵膨胀功 $W_{\text{is,ed}}$ 的比值。

$$\begin{cases} \eta_{\text{ind,c}} = \dfrac{W_{\text{is,c}}}{W_{\text{ind,c}}} \\[2mm] \eta_{\text{ind,ed}} = \dfrac{W_{\text{ind,ed}}}{W_{\text{is,ed}}} \end{cases} \tag{6-16}$$

式中,实际压缩指示功耗和实际膨胀指示功可直接由得出的压缩机和膨胀机 p—V 示功图的面积求取。理想等熵压缩功耗和膨胀功由下式计算:

$$\begin{cases} W_{\text{is,c}} = \dot{m}_{\text{c}} (h_{\text{is,out,c}} - h_{\text{in,c}}) \\[2mm] W_{\text{is,ed}} = \dot{m}_{\text{ed}} (h_{\text{in,ed}} - h_{\text{is,out,ed}}) \end{cases} \tag{6-17}$$

6.5　本章小结

　　本章分析了双作用自由活塞式膨胀—压缩机活塞的运动特点,建立了动力学模型,模型研究了自由活塞的运动规律及其受力情况和控制滑杆的运动规律以及压缩机的阀片的运动规律,对膨胀—压缩机的效率及内部摩擦功耗和碰撞功耗进行了计算,为后续膨胀—压缩机性能的进一步改进提供必要的数据。

7 双作用自由活塞式膨胀—压缩机的研究

7.1 实验台系统

建立了跨临界 CO_2 膨胀—压缩机性能实验台以测试膨胀—压缩机样机的宏观和微观热力性能。实验台主要包括跨临界 CO_2 制冷系统、测试部件(双作用自由活塞式膨胀—压缩机)和测量系统三部分组成,其组成关系如图 7-1 所示。

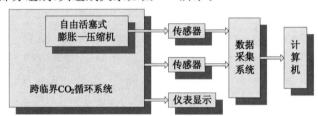

图 7-1 跨临界 CO_2 膨胀—压缩机实验系统组成关系图

7.1.1 跨临界 CO_2 制冷系统

跨临界 CO_2 制冷系统主要由 CO_2 工质循环系统、水循环系统和电路控制系统三部分构成。

(1) CO_2 工质循环系统

CO_2 工质循环系统主要由压缩机、气体冷却器、蒸发器、节流阀和气液分离器等部件组成,具体流程如图 7-2 所示,从压缩机排出的高温高压 CO_2 气体进入气体冷却器,经过冷却水冷却后,由节流阀节流或膨胀机膨胀成两相流体进入蒸发器,与冷冻水换热,再经过气液分离器对气液两相分离,气体回到压缩机,完成一个循环。各部件的具体结构或参数如下:

① 压缩机:机组选用意大利 Dorin 公司生产的活塞式 CO_2 压缩机,理论排气量 $10.7 \ m^3/h$,额定输入功率为 $18.0 \ kW$,最高排气压力 $15 \ MPa$。

② 气体冷却器和蒸发器:本实验的气体冷却器和蒸发器自己设计,均采用逆流套管式换热器,内、外管材料均采用紫铜管,符合《热交换器用铜合金无缝管》(GB/T 8890—2015)标准。流动形式为 CO_2 在管内流动,水在管间流动。

③ 节流阀:本实验采用针型手动调节阀,材料为不锈钢,公称通径 $5 \ mm$。

④ 气液分离器:本实验的气液分离器仍为自己设计,结构形式采用常规的 U 形管分离方式,外径 $219 \ mm$,高 $632 \ mm$,容积 $12.3 \ cm^3$,材料为不锈钢。为了回油方便在 U 形管的底部开了一个虹吸孔,依靠气流的运动携带润滑油返回压缩机。气液分离器的设计、制造和实验验收按《压力容器》(GB 150—2011)标准要求。

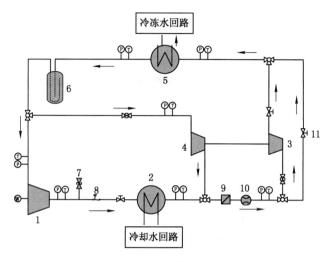

图 7-2　CO$_2$工质循环系统流程

1——压缩机;2——冷却器;3——膨胀机;4——辅助压缩机;5——蒸发器;6——气液分离器;
7——安全阀;8——压力开关;9——过滤器;10——质量流量计;11——手动节流阀
Ⓟ——压力传感器;Ⓣ——温度传感器;Ⓦ——功率传感器

⑤ 安全阀:由于采用针形手动调节阀节流高压 CO$_2$气体,为了防止高压侧压力过高,在压缩机排气口管路上安装了美国 Swagelok 公司生产的安全阀,接口尺寸为 1/4 NPT。

⑥ 压力开关:保护措施除在 CO$_2$回路加入安全阀外,还在压缩机排气口处安装了美国 CCS 公司生产的接触式压力开关,将压力开关的常闭触点接入压缩机控制电路,当压缩机排气压力高于设定值时,压力开关的常闭触点断开,切断压缩机的控制电路,促使压缩机停机,具体见电路控制系统部分。

（2）水循环系统

为了能够在实验中较为精确地控制跨临界 CO$_2$制冷系统工况,减少外界环境对系统的干扰,本书采用水循环方式为气体冷却器和蒸发器提供稳定的冷源和热源。水循环系统包括冷冻水循环回路和冷却水循环回路。

冷冻水回路由水泵、冷冻水箱、电加热器、三相调压器和蒸发器组成,如图 7-3 显示,冷冻水被水泵从冷冻水箱抽出后,经过 Y 形过滤器过滤,进入蒸发器,将热量传递给处于两相状态的 CO$_2$工质,从冷冻水箱上部返回。进入蒸发器的水量由手动调节阀 A 控制。水箱内设置 380 V 的三相电加热器,用来平衡冷冻水带回的冷量,加热量由手动三相调压器控制。

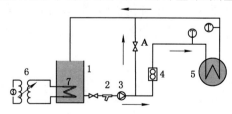

图 7-3　冷冻水循环回路的流程

冷却水回路由冷却水箱、水泵、板式换热器、冷水机组、气体冷却器和三相调压器组成,其流程示意图如图 7-4 所示。冷却水回路分为两路,一路是来自冷却水箱的冷却水经过 Y

形过滤器过滤和水泵进入板式换热器,被来自冷水机组冷水降温后,进入自行设计的混水器,另一路是冷却水被水泵抽出后,经过 Y 形过滤器过滤进入气体冷却器,被高温高压的 CO_2 工质加热后,流入混水器与前一路的冷水混合,最后进入冷却水箱,完成一个循环。与冷冻水回路相似,在水路上分别设置了手动调节阀 B 和 C 来控制进入板式换热器和气体冷却器的水量。冷却水箱内同样安装了电加热器并由三相调压器调节加热量,以平衡冷水机组可能产生的剩余冷量。

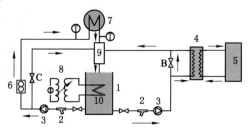

图 7-4　冷却水回路流程

水循环系统中采用三相调压器在 0～380 V 范围内可以任意调节电压,从而能够根据需要随意调节电加热器的加热量,通过该方式可以将水系统中的水温控制在预定水温的 ±0.5 ℃范围内。

（3）电路控制系统

电路控制系统除了给实验台提供必要的电源,还要对实验台中一些关键部件的功率、电流和运动状况等进行监控与显示,同时针对可能发生的事故提供必要的保护手段。该实验台系统对电路控制的要求如图 7-5 所示。

7.1.2　测试部件

双作用自由活塞式膨胀—压缩机是本实验台的关键测试部件。为了研究其宏观性能和微观工作过程,需要测量膨胀—压缩机进出口处管道内的压力、温度、流量等外部宏观参数,测点布置如图 7-2 所示,此外,还要测量机器内部膨胀腔、压缩腔、膨胀机吸气腔和排气腔的工作压力,如图 7-6 所示,其中膨胀腔和压缩腔的压力测点设置在活塞的止点位置,以减小活塞运动对测点处压力的影响。活塞的位移则由位移传感器测得。各传感器的具体安装形式将在下节详细描述。

7.1.3　测量系统

为了得到膨胀—压缩机的微观和宏观性能,需要对膨胀—压缩机和跨临界 CO_2 制冷系统的温度、压力、流量和功率等参数进行测量。测量系统由传感器或变送器和数据采集与处理系统组成。

（1）传感器

跨临界 CO_2 制冷系统中主要部件前后的温度采用精度高、稳定性好的 Pt—100 型铂电阻变送器测量,所有传感器在使用前均在恒温水槽中标定,测量误差控制在 ±0.2 ℃以内。其测点布置如图 7-2 至图 7-4 所示。为了保证测量值能够真实反映被测流体的温度,同时便于安装拆卸,本书利用三通接头将铂电阻测温端埋入管道中,并通过聚四氟乙烯压垫密封,具体安装方式如图 7-7 所示。

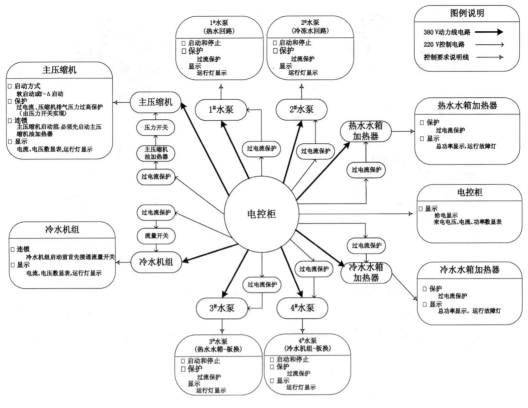

图 7-5　电路控制要求

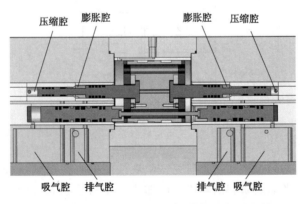

图 7-6　膨胀—压缩机各被测腔位置示意图

　　为了获得跨临界 CO_2 制冷系统的主要部件前后 CO_2 工质的状态信息,在温度测点处还布置了压力传感器和压力表,将数据采集到计算机和现场操作时观测压力的变化。压力传感器采用德鲁克公司生产的 PTX7517 绝压型压力传感器,安装方式与温度变送器相同,通过三通接头接入系统。压力表由西安仪表厂生产,通过引压管与系统连接,减弱系统管道内压力波动对压力表影响。

　　膨胀—压缩机工作过程中各个腔内压力随时间不断变化,根据空气实验台上的验证实验结果可知,膨胀—压缩机以十几甚至几十赫兹的频率运转,为了能够及时准确地测得被测

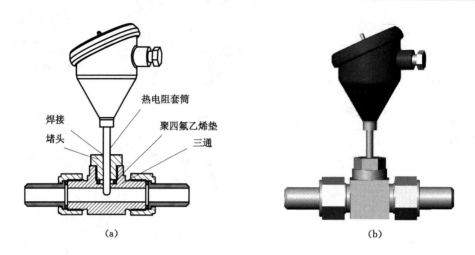

图 7-7　铂电阻安装示意图

腔内的压力变化,需要选用动态压力传感器,本书采用美国 Entran 公司生产的 EPX 型压力传感器,其动态响应频率达到 300 kHz,完全能够满足实际测试需要。被测腔体内压力都属于高压,因此压力传感器通过螺纹与缸体连接,以确保安全,同时采用 O 形圈密封,防止工质泄漏到环境中。安装时还要保证压力传感器的探头尽量贴近被测腔体壁面,考虑到活塞运动时有可能对传感器探头造成损害,本书中传感器探头和被测腔体壁面之间留出0.5 mm的距离。具体安装方式如图 7-8 所示。

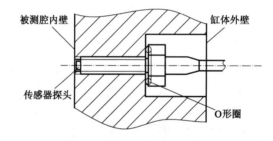

图 7-8　压力传感器安装示意图

　　膨胀—压缩机活塞的位移变化是研究其微观性能的重要参数,因此必须选择合适的位移传感器进行测量。考虑到研制的膨胀—压缩机活塞行程较长(20~30 mm),安装空间有限,本书采用合肥科宇公司生产的 LVDT 型直线位移传感器测量,其动态频率为 200 Hz。安装方式如图 7-9 所示,位移传感器的测量杆通过螺纹连接于活塞,传感器主体通过螺纹与气缸端相连,中间用聚四氟乙烯垫密封,确保 CO₂ 工质不外漏。

　　为了获得水在蒸发器和气体冷却器内的换热量,分别在冷冻水和冷却水回路上安装了涡轮流量计,如图 7-3 和图 7-4 所示。该类型流量计具有结构简单,加工零件少,质量轻,维修方便,流通能力大(同样口径可通过的流量大)等优点。本书采用的涡轮流量计由开封仪表厂生产,瞬时和累计流量在流量积算仪中显示。为了保证测量精度,要求水平安装,传感器的管道轴心与相邻管道轴心对准,且上、下游分别设置至少 20 倍和 5 倍公称直径的直管段。

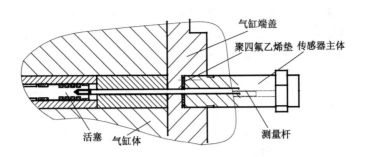

图 7-9　位移传感器安装示意图

CO_2 制冷系统主压缩机的功率采用日本 Hioki 公司生产的 3286—20 型钳式功率计测量。该功率计操作方便,精度高,可测量电流、电压、功率因数、有功和无功功率等多个参数。实验台所用的主要测量仪器的性能指标参看表 7-1。

表 7-1　测量仪器的主要性能指标

测量仪器	厂家	型号	量程	精度	使用环境条件	输出信号
温度传感器	西安仪表厂	Pt—100	0～150 ℃	±0.2 ℃		4～20 mA
			−50～50 ℃			
压力传感器	德鲁克	PTX7517	0～16 MPa	±0.2%FS	−40～100 ℃	4～20 mA
			0～6 MPa			
	Entran	EPX	0～15 MPa	0.5%FS	−40～120 ℃	0～125 mV
			0～7 MPa			
压力表	西安仪表厂	YB—150	0～16 MPa	±0.4%	5～40 ℃	
			0～10 MPa			
涡轮流量计	开封仪表厂	LWGY	0.6～4 m³/h	0.5%	−20～55 ℃	
功率计	Hioki	3286—20	3～1 200 kW	±3%rdg ±10dgt		
位移传感器	合肥科字	WYDC—50L	0～50 mm	0.05%	−10～70 ℃	0～5 V

注:FS 指最大量程。

(2) 数据采集系统

数据采集系统的任务是采集温度、压力等传感器输出的模拟信号并转换成计算机能够识别的数字信号,然后送入计算机,根据不同的需要由计算机进行相应的计算和数据处理,得出所需的数据。同时,将计算得到的数据存储并显示出来,以便实现对所研究物理量的监视。本书采用 PCI/PXI 总线仪器和 Lab-View 可视化的虚拟仪器系统开发平台,开发了数据采集系统,其由硬件和软件两部分组成。

① 硬件部分

要全面监控跨临界 CO_2 制冷系统的运行情况,需要对系统内多处位置的压力、温度、流量等参数进行采集,因此本书采用 DAQ/PXI—2205 型数据采集卡,该板卡可以同时采集64 个单端信号或 32 个差分信号。为了减小传感器信号在传输过程中的干扰,因本书选取的传感器输出信号类型为 4～20 mA 的电流信号,因此自行制作了一个信号转换电路,采用 250 Ω 精密电解电阻将 4～20 mA 的电流信号转换为数据采集卡可以识别的 1～5 V 的电压信号。其硬件结构原理图如图 7-10 所示。

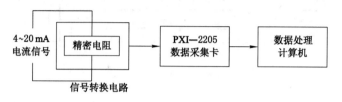

图 7-10　跨临界 CO₂ 制冷系统的数据采集系统硬件结构原理图

膨胀—压缩机数据采集系统的硬件由 NI 公司生产的 SCXI—1000 机箱、SCXI1320 接线端子盒、SCXI—1125 信号调理模块和 PCI—6220 数据采集卡组成。硬件结构原理图如图 7-11 所示,通过现场传感器将膨胀—压缩机各个测量点的信号通过 SCXI—1320 接线端子盒送入信号调理模块 SCXI—1125(可编程隔离放大器)进行信号处理,然后将经过调理的信号送入 PCI—6220 数据采集卡进行数据采集。其中,SCXI—1000 机箱的主要作用为 SCXI—1125 信号调理模块提供稳定电源。

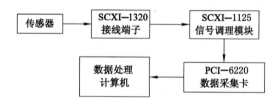

图 7-11　膨胀—压缩机数据采集系统硬件结构原理图

数据采集系统中使用的两款数据采集卡主要性能如表 7-2 所示,信号调理模块的主要性能如表 7-3 所示。

表 7-2　数据采集卡性能指标

厂家	型号	AD 分辨率/bits	采样频率/Hz	模拟量输入通道数
ADLINK	DAQ/PXI—2205	16	250 kHz	64(SE)/32(DI)
NI	PCI—6220	16	500 kHz	16(SE)/8(DI)

注:SE 指单端输入;DI 指差分输入。

表 7-3　信号调理模块性能

厂家	型号	增益	输入电压范围	隔离	可编程低通滤波	通道数
NI	SCXI—1125	1～2000	±2.5 mV～±5 V	300 Vrms	4 Hz～10 kHz	8 ISO

② 软件部分

数据采集系统还需要有相应的软件来支持与配合。本套数据采集系统的程序采用了虚拟仪器技术,是在多功能数据采集卡自带的驱动程序基础上二次开发的,开发工具采用 NI

公司的 Lab-View。整套采集程序主要由参数设置部分、数据采集部分、数据处理部分、数据存储显示和程序错误判断与输出部分组成。

参数设置部分：这部分的主要功能是对采集卡运行参数的初始化，主要包括采集通道的选择、通道极限的设置、通道单位的设置、输入端子型式的设置、单通道采样率、单通道采样数和采样模式等。这些参数设置不当将直接影响数据采集系统的性能，甚至导致系统不能正常运行，因此本程序对此都设置了默认值，一般普通操作者可以轻松操作。

数据采集部分：这部分的主要功能是对各个采集通道自动进行循环扫描，读取输入的模拟量信号，并将采集结果暂时存储于内存中。

数据处理部分：这部分的主要功能是对采集的电信号进行滤波处理，然后转化为物理量。常用的数字滤波器主要有巴特沃思、切比雪夫和贝塞尔型。它们都有各自的特点，用途也不尽相同，选择滤波器时需要考虑应用要求，如是否运行波纹存在，是否需要窄的过渡带等。通过比较本书选用巴特沃思滤波器，滤波效果如图 7-12 所示。

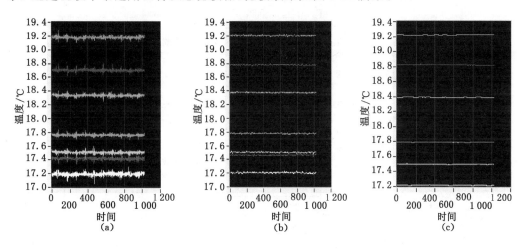

图 7-12　数字滤波效果图

(a) 滤波前；(b) 滤波后(截止频率 300 Hz)；(c) 滤波后(截止频率 100 Hz)

数据存储显示部分：这部分主要功能是将处理过的数据在计算机屏幕上以图形或数字形式显示出来，方便操作者对实验数据的实时监控，根据需要将数据存储在磁盘文件中，以便对实验结果做进一步的分析，同时文件存储路径在屏幕上显示，方便了操作者可以迅速找到文件的存储位置。

程序错误判断与输出部分：这部分主要功能是对采集程序中各部分函数运行状况进行监控，一旦某处出现异常，采集程序将自动被终止运行，同时在屏幕上显示对异常情况的描述，方便了操作者迅速找出异常原因。该部分贯穿于整个采集程序中，为了使程序框图结构层次简单清晰，未在程序框图中标出。

数据采集程序的流程关系如图 7-13 所示，程序运行界面见图 7-14 和图 7-15。

本书开发的数据采集程序的优点主要有：

——具有良好的人机交互界面，操作简单易懂。

——对不同采集通道可分别进行极限设置，解决了同时采集不同级别信号时，对微弱信号分辨率低的问题。

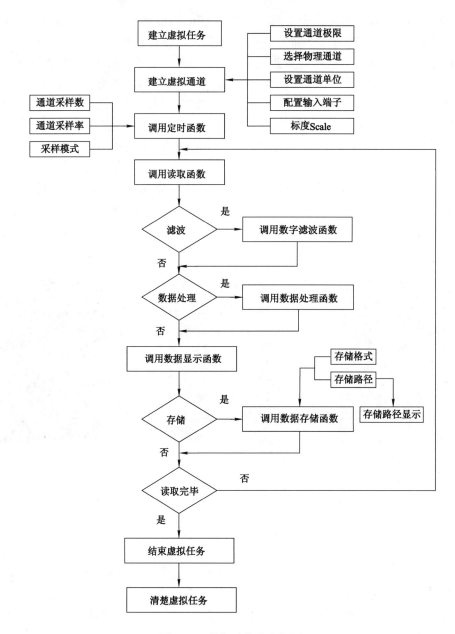

图 7-13　数据采集程序框图

——对采集信号进行数字滤波，有效地去除了信号中的干扰。

——操作者可根据需要随时开启或停止数据的存储，避免了对无用数据的存储，有效缩减了存储文件的大小，为进一步的数据处理提供了方便。

——采集数据可实时以图形方式显示，方便了操作者对实验情况的监控。

——带有程序错误输出，方便了操作者对错误原因的查找。

实验装置图片如图 7-16 至图 7-18 所示。

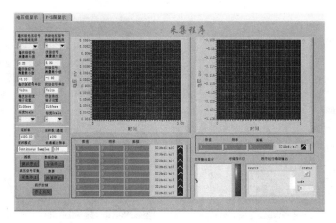

图 7-14　膨胀—压缩机数据采集程序界面

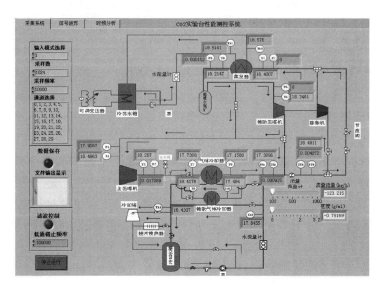

图 7-15　跨临界 CO_2 制冷系统数据采集程序界面

图 7-16　跨临界 CO_2 系统照片

图 7-17　室外冷水机组

图 7-18　测试中的双作用自由活塞式
膨胀—压缩机样机

7.2　膨胀—压缩机的实验及计算结果分析

7.2.1　实验和模型验证

（1）膨胀—压缩机的实验

对双作用自由活塞式膨胀—压缩机的样机在跨临界 CO_2 系统内进行了初步实验,由于自行设计制造的换热器存在较大的压降及膨胀—压缩机设计中采用经验公式导致一定的误差等原因,样机无法在系统中正常工作。因此,通过将辅助压缩机的吸、排气连通,对膨胀机单独运行进行了测试。由于流量匹配问题,测试工况无法达到跨临界工况,膨胀机进口温度 35 ℃,进口压力 7 MPa,出口压力 3.3 MPa。图 7-19、图 7-20 和图 7-21 分别显示了该工况下测得的膨胀腔内压力随时间和位移的变化规律以及活塞位移随时间的变化。

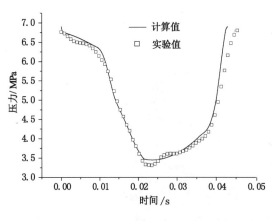

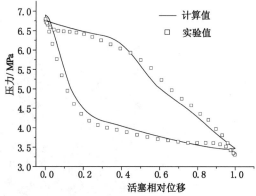

图 7-19　膨胀腔内 p—t 图

图 7-20　膨胀腔内 p—S 图

从图 7-19 和图 7-20 可以看出,膨胀机吸、排气过程中,腔内压力逐渐降低和升高,并在与工况压力分别相差 0.6 MPa 和 0.4 MPa 左右时出现平缓,因此可以估算膨胀机的吸气和排气压力损失分别约为8％和12％。反行程中,当活塞运行至总行程的20％附近时,由于控制机构开始开启膨胀机的吸气孔口,腔内压力快速上升至吸气压力附近。

从图7-21可以看出,活塞在行程的中段运行时,其位移与时间近似呈直线关系,仅在止点位置附近斜率才发生较大变化,这说明活塞在止点附近时速度会快速改变,而在行程的中段速度变化较小,这一点与膨胀—压缩机的研制一章中对活塞运动特性的数值模拟分析结果相符。针对图7-21还有一点需要说明,活塞在止点位置位移随时间呈圆弧状过渡,反映出活塞在止点位置处的速度趋于零,这点与实验中观察到的活塞与气缸发生的较为严重的碰撞不符,分析认为位移传感器的动态频率无法满足瞬时碰撞的要求,从而不能准确反映碰撞后及其碰撞过程中位移随时间的变化所致。

对实验系统的管路进行修改,将辅助压缩机的排气口与主压缩机的吸气管路相连,在辅助压缩机排气口附近安装调节阀,调节辅助压缩机的排气压力,从而使膨胀机驱动辅助压缩机部分负荷运转。为了避免位移传感器的测量杆深入一侧的辅助压缩腔时破坏双作用式的对称性,仅仅测试了样机的工作腔压力随时间的变化规律,如图7-22所示,测试工况膨胀机进口温度40 ℃,进口压力7.6 MPa,出口压力4 MPa,辅助压缩机进口温度15 ℃,进口压力2.7 MPa,出口压力3.9 MPa。

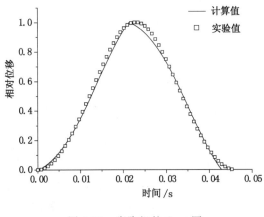

图7-21 膨胀机的S—t图

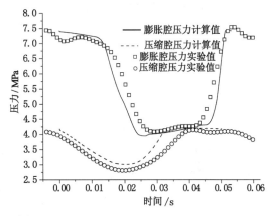

图7-22 膨胀腔和压缩机内p—t图

从图7-22可以看出,由于工作频率的降低,膨胀机的吸、排气过程较图7-19情况有所改善,因此可以判断工作频率对膨胀机的吸、排气过程有较大影响。从图上还可以发现,压缩机有正常的等压排气过程,但是其工作腔压力始终高于进口压力,没有吸气过程,这说明膨胀—压缩机存在严重的泄漏现象。

(2)膨胀—压缩机模型的验证

通过建立的热力学模型对膨胀—压缩机在上述两个测试工况下进行了模拟计算,其结果绘于图7-19至图7-22中。从图7-19和图7-20可以看出,计算结果与测试结果符合较好,最大误差分别为14％和7％。此外,模型还准确反映出了膨胀机排气末期,吸、排气控制机构切换孔口引起的膨胀腔内压力快速上升的现象。

由于位移传感器无法精确反映出活塞与气缸碰撞过程中速度的变化情况,本书采用位移与时间的变化关系来间接验证活塞的动力模型。如图7-21所示,模型计算的活塞位移随时间的变化与实验数据符合较好,最大误差为6％,位于活塞止点附近。其原因主要有两点,第一个是计算的工作频率与实验值存在偏差,约为6％,另一个是由于活塞碰撞的影响,位移传感器在止点及附近位置不能精确反映位移的变化情况。

如图7-22所示,膨胀—压缩机模型较好地反映了膨胀机驱动辅助压缩机部分负荷运转时,膨胀腔和压缩腔内压力随时间的变化趋势,模型计算显示,辅助压缩机没有吸气过程主要是膨胀腔与压缩腔存在的泄漏及压缩机吸排气阀关闭不严所致。

(3)膨胀—压缩机中的问题探讨

从测试结果可以得知双作用自由活塞式膨胀—压缩机虽然能够在跨临界区运行,但仍然有许多问题存在。以下几点是本书就这些问题进行的探讨。

① 膨胀—压缩机的泄漏问题。膨胀—压缩机在高压差下工作时存在严重的泄漏现象,从图7-22中压缩机没有吸气情况下仍有较为明显的排气过程可以充分说明这一点。通过在空气实验台上对膨胀—压缩机进行高压差下的泄漏以及对压缩机的吸、排气阀进行反吹实验,发现有较严重的泄漏现象。分析认为,膨胀—压缩机内部在密封环处的泄漏除了与气缸和环槽的加工精度有关外,还与密封环的设计、材料、加工精度及其装配有关。本书研制的膨胀—压缩机采用具有自润滑性能的聚四氟乙烯材料,弹性小,亦变形,精确加工难度大,在高压差下工作时,如果设计不当,很难保证有足够的预张力使密封环贴近气缸内壁,此外,装配不当也会促使密封环在周圈上与气缸内壁无法完全贴合。压缩机吸、排气阀的泄漏与阀片和阀座的设计、加工等因素有关,除工作压差高这一特点外,CO₂工质较大的密度也会影响阀片的结构尺寸,因此需要对其进行反复实验来确定。

② 膨胀机吸、排气压力损失问题。膨胀—压缩机正常的工作压差在6 MPa左右,根据目前的测试结果并参照膨胀—压缩机工作特性研究一章得出的工作频率和压差的关系,估计工作频率将在40 Hz以上,其吸、排气损失将会非常显著,因此需要采取措施,除对吸排气通道和孔口直径进行改进外,还应设法降低膨胀—压缩机的频率,如继续增大活塞质量,改变缸径比等方式。

③ 膨胀机流量调节问题。如果需要膨胀—压缩机在较宽的工况下工作,就必须实现流量调节功能,调节流量的方式主要有改变膨胀机转速、节流降低膨胀机进口压力和改变膨胀机的吸气行程。节流降低膨胀机进口压力方式在膨胀机进气管道上安装节流阀,利用节流降低进气压力来调节流量是一种简便的方法,在结构上无须专门设备,但这种方法很不经济。改变膨胀机的吸气行程方法在低温空分领域内被广泛采用,对膨胀机的效率影响小,但需要复杂的配气机构。本书膨胀—压缩机工作特性研究一章中发现,辅助压缩机的功耗对膨胀—压缩机的工作频率有较为明显的影响,因此可以通过调节辅助压缩机的功耗对膨胀机流量进行调节。

7.2.2 计算结果分析

样机中的辅助压缩机的吸排阀不能正常工作问题,通过提高加工精度和尺寸结构的合理设计完全能够解决,因此,本节通过模型对膨胀机的效率进行分析中,假定辅助压缩机的吸排气阀工作正常,不存在反漏的现象。从膨胀机的研制角度出发,本书通过模型主要研究了传热、工作频率、泄露和摩擦等对膨胀机的影响。模型的计算工况为膨胀机进口压力10.34 MPa,进口温度35 ℃,排气压力3.97 MPa,压缩机吸气温度20 ℃,吸气压力4 MPa。

(1)传热的影响

膨胀—压缩机工作时,膨胀腔和压缩腔内的工质温度存在较大的温差,需要研究其对膨胀机指示效率的影响,为膨胀机的研制提供该方面的指导。本书在计算工况下通过改变压缩机的吸气温度,来研究压缩机和膨胀机之间传热对膨胀机指示效率的影响,如图 7-23 所示,与 H. J. Huff[117] 的研究结果相符,膨胀机和压缩机之间的传热影响小于 1%。

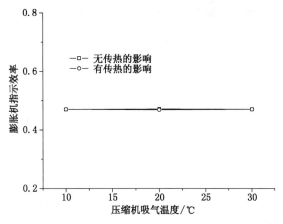

图 7-23　膨胀机和压缩机之间传热的影响

（2）工作频率的影响

本书在上述计算工况下,通过改变活塞的设计质量来改变其工作频率,以研究频率对膨胀机指示效率的影响。图 7-24 给出工作频率在 13～21 Hz 范围内,膨胀机指示效率的变化情况。从图中可以看出,膨胀机的工作频率存在最佳值,当膨胀机频率增大到 21 Hz 时,膨胀机的指示效率比最佳频率时降低 10%。

图 7-25 显示了不同频率下,膨胀机吸、排气过程和泄露损失的变化情况。从图中可以看膨胀机排气过程损失明显大于另外两种损失,分析认为有两种情况导致这一现象的产生。第一是膨胀机的排气口设计不当导致工质流过孔口时阻力过大,第二是膨胀机吸排气控制机构,提前开启进气孔口,导致膨胀腔内气体快速升上,增大了膨胀机排气过程的损失。结合图 7-24 还会发现,除去图中的三种损失外,还有约 30% 的损失存在,分析认为这一损失主要由余隙容积引起,为了减小吸气过程的压差,笔者对样机的吸气通道做了修改,根据新的吸气通道的结构参数估算,膨胀机的余隙占最大工作容积的 50% 以上。

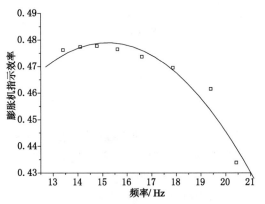

图 7-24　频率对膨胀机指示效率的影响

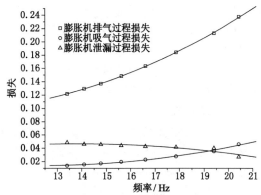

图 7-25　不同频率下主要损失的变化情况

（3）膨胀机余隙的影响

从图 7-24 和图 7-25 发现,膨胀机余隙容积对指示效率的影响很大,但其影响与泄露、吸排气过程损失以及膨胀时的热力过程等因素相互缠绕,很难分离出来,同时考虑到程序采用的 Runge-Kutta 法在控制容积极小时容易出现振荡而不收敛,因此本书采用作图的方法来揭示膨胀机余隙对指示效率的影响。为了更好地解释这一现象,假设膨胀过程为等熵膨胀,并忽略泄露、吸排气阻力损失等因素的影响。

如图 7-26 所示,纵坐标为实际的工作压力,横坐标为膨胀腔的相对容积,余隙为零时,膨胀机的工作循环是 1－2－3－4－5－1,将余隙提高至膨胀机的最大工作容积的 20%,即将 1－5 向左移至 1′－5′,则膨胀机的工作循环变为 1－2－3′－4′－4－5－1。膨胀机的指示功为 1－2－3′－4′－4－5－1 围成的面积。根据膨胀机指示效率的定义,分母为膨胀机进口流量和等熵膨胀焓差的乘积,为了能够在图 7-26 上表示出来,需要消除余隙内残留工质的影响,将其等熵压缩换算到进口状态,则残余工质占据的容积为 5′－8 段,循环 7－2－3′－9－8－7 为增加余隙后膨胀机的理想工作过程,其围成的面积即为理想的膨胀功,因此可以看出余隙增加导致膨胀机的指示功损失为两块阴影部分的面积和。

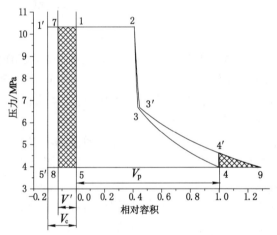

图 7-26　余隙对膨胀机指示效率的影响

（4）泄漏的影响

图 7-27 给出了不同间隙下,膨胀腔内工质通过密封环的泄漏损失变化。从图中可以看出,在泄漏间隙为 5 μm 时,泄漏的影响不大,约为 5%,但随着间隙的增大,泄漏损失快速增加,在间隙为 15 μm 时,泄漏损失已经达到 18%,致使膨胀机指示效率减小 13.5%,略大于 H.J. Huff[117] 10% 的估算值。

（5）摩擦的影响

膨胀—压缩机摩擦损失的大小直接影响到压缩机对膨胀功的利用程度,因此有必要对该损失进行估算,为膨胀机的改进提供必要数据。本书研制的膨胀—压缩机密封环采用自润滑材料,经过磨合后,由于密封面中间充满了磨损来的自润滑材料,润滑效果会大大改善,根据文献[163],本书计算了摩擦系数在 0.1～0.2 范围内摩擦损失的变化情况。从图 7-28 可以看出,膨胀机摩擦损失为 10%～17%,明显低于查世彤[121]针对活塞式膨胀机作出的 27% 的估算值,这主要是因为自由活塞式膨胀机没有曲柄连杆机构引起的那部分摩擦。

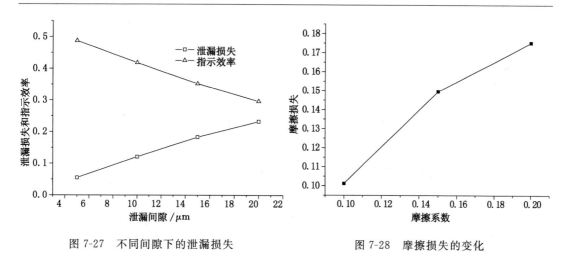

图 7-27　不同间隙下的泄漏损失　　　　　图 7-28　摩擦损失的变化

7.3　本章小结

本章详细介绍了跨临界 CO_2 系统实验台的工作原理及设备,包括 CO_2 回路系统、水系统、测点布置、测量仪器及其安装和数据采集系统。在实验台上对双作用膨胀—压缩机样机进行了实验测试,根据测试结果,验证了双作用膨胀—压缩机样机的热动力模型,最后利用模型对膨胀机性能的主要影响因素进行了分析,发现膨胀机和压缩机之间的传热影响很小,余隙容积对膨胀机的效率有较大影响,泄漏间隙大于 15 μm 时泄漏损失较为显著,此外,受膨胀机吸排气控制机构影响,其排气过程损失较大。

8 结 论

本书围绕跨临界 CO_2 循环系统效率的提高,通过建立循环过程热力模型,对提高跨临界 CO_2 循环性能的典型措施进行了分析比较,并重点研究了带膨胀机典型循环的关键参数对循环效率的影响。在分析比较不同类型膨胀机特性和应用范围的基础上,研制了自由活塞式膨胀—压缩机,并通过数值模拟和实验研究,深入研究了其工作特性和热力性能及影响因素,得出如下主要结论:

(1) 通过跨临界 CO_2 循环热力学模型确定了五种典型循环改进措施各自最佳适用范围。研究结果表明膨胀机替代节流阀并回收膨胀功方式改善效果最为显著,膨胀机效率为 60% 时,COP 比基本跨临界 CO_2 循环提高 28%～45%,且随着压缩机效率的提高,其节能优势更加突出。

(2) 在带膨胀机典型循环的关键参数对循环效率的影响特性研究中,发现高压端压力对循环效率的影响力在其最优值前后的两区域内存在明显差异,低于最优值时,其影响力随高压端压力的增加快速降低,而且受到气体冷却器出口温度和蒸发器进口温度明显影响;在高于最优值的区域内,高压端压力的影响力较小且趋于稳定。对于两级压缩中间冷却的循环,当级间冷却器出口温度在临界温度附近时,级间压力的影响力出现突变,导致 COP 双峰值的出现,进一步分析表明假临界温度现象是产生这种突变的根源。级间冷却器出口温度超过 50 ℃ 时,突变现象消失。

(3) 带膨胀机循环的 COP 从最优值降低 2.5% 时,对应高压端压力和级间压力的变化范围随工况不同分别为 0.5～5.5 MPa 和 0.6～3.3 MPa,说明为获得系统最优 COP,对这两个压力参数的控制不需要太高精度。

(4) 通过比较膨胀机膨胀过程和功回收对提高 COP 的贡献程度,发现功回收部分对循环效率的提高起主导作用,一般占 50%～80%,这一现象对带膨胀机的单级压缩循环尤为明显。此外,功回收的贡献比随蒸发温度和膨胀机效率的提高而增大,随气体冷却器的出口温度升高而降低。

(5) 首次提出滑杆式吸、排气控制机构,解决了自由活塞式膨胀机进、排气控制这一个技术难题。在此基础上,提出了单作用自由活塞式膨胀—压缩机概念并设计出样机,在对样机测试分析的基础上,研制出改进的双作用自由活塞式膨胀—压缩机,大大改善了运行稳定性、在正反行程上活塞受力及速度的均匀性。

(6) 实验研究了双作用自由活塞式膨胀—压缩机及其滑杆控制机构的工作特性,结果表明样机的滑杆式吸、排气控制机构能够在 10～36 Hz 频率范围内正常工作。研究发现,膨胀机驱动压缩机和单独运行时,工作频率均随压差呈近似线性递增趋势,受膨胀比的影响小,前者的增长速度约是后者的 3.3 倍。

(7) 通过分析测得的膨胀腔压力随时间变化关系图,发现膨胀机运行时,工作腔内的压力会经历一个小的压降后保持微小波动进行等压吸气过程,随工作频率的增加,等压吸气过程逐渐消失。进一步分析发现,产生该现象的根源是高频率下吸气流速增加导致阻力增大;为了使膨胀机稳定高效工作,合适的工作频率范围为 $10 \sim 17$ Hz。

（8）建立了双作用自由活塞式膨胀—压缩机的热力学和动力学模型,对影响其性能的主要因素进行了研究,发现膨胀机和压缩机之间的传热导致膨胀机效率损失不到 1%,根据频率不同排气过程导致的损失为 $12\% \sim 24\%$,膨胀机余隙容积导致的效率损失达 30%。

参 考 文 献

[1] Billiard F. 冷与可持续发展[J]. 制冷学报,2003,24(2):22-26.

[2] 朱明善,王鑫. 制冷剂的过去、现状和未来[J]. 制冷学报,2002,23(1):14-20.

[3] 李刚. 制冷剂与环境保护关系的动态研究[J]. 环境科学动态,2005(1):57-59.

[4] 朱明善,史林,王鑫. 国际上限用 HCFC 类制冷剂的态势与我国对策的建议[J]. 制冷与空调,2001,1(6):1-7.

[5] 国家环境保护总局. 关于禁止生产、销售以全氯氟烃为制冷剂的工商制冷用压缩机及其相关产品的公告[J]. 中国建设信息供热制冷,2005(2):5.

[6] 郑晓斌. 制冷工质 CFCs、HCFC 的限制使用及其对策[J]. 能源与环境,2004(1):32-34.

[7] 苗秋菊,张婉佩. 2005 年全球气候变化回顾[J]. 气候变化研究进展,2006,2(1):43-44.

[8] 雷 Wen,查尔斯 A Lin. 全球气候变化及其影响[J]. 水科学进展,2003,14(5):667-674.

[9] 崔洪庆,张子强,王鸿雁. 减缓全球气候变暖的新途径[J]. 辽宁工程技术大学学报,2003,22(8):112-113.

[10] 丁一汇,任国玉,石广玉,等. 气候变化国家评估报告(Ⅰ):中国气候变化的历史和未来趋势[J]. 气候变化研究进展,2006,2(1):3-8.

[11] 陈秋. 温室气体与全球变暖[J]. 电力环境保护,2003,19(3):11-13.

[12] 顾兆林. 压缩式制冷技术的新进展(一)——制冷工质的环境效应及其特点[J]. 流体机械,2001,29(10):53-57+40.

[13] Hwang Y H. Comprehensive investigation of carbon dioxide refrigeration cycle[D]. University of Maryland,1997.

[14] 张国强,龚光彩,Haghighat F,等. 能源、环境与空调制冷[J]. 制冷学报,2000,21(3):1-6.

[15] Lorentzen G. Revival of carbon dioxide as a refrigerant[J]. Int. J. Refrig. ,1994,17(5):292-301.

[16] Robinson D M, Groll E A. Efficiencies of transcritical CO_2 cycles with and without an expansion turbine[J]. Int. J. Refrig. , 1998, 21(7):577-589.

[17] 丁国良. CO_2 制冷技术新进展[J]. 制冷空调与电力机械,2002,23(2):1-6,48.

[18] Lorentzen G. The use of natural refrigerants:a complete solution to the CFC/HCFC predicament[J]. Int. J. Refrig. ,1995,18(3):190-197.

[19] Lorentzen G, Pettersen J. A new, efficient and environmentally benign system for car air-conditioning[J]. Int. J. Refrig. , 1993,16(1):4-12.

[20] 马一太,王景刚,魏东. 自然工质在制冷空调领域里的应用分析[J]. 制冷学报,2002,23(1):1-5.

［21］Pettersen J. An efficient new automobile air conditioning system based on carbon dioxide vapor compression［J］. ASHRAE Trans：Symp,1994,5(3)：657-665.

［22］沈裕浩,廖胜明. 二氧化碳——下世纪实用制冷剂［J］. 流体机械,1998,26(2)：57-61.

［23］彭梦珑,胡烨. 二氧化碳制冷剂的应用研究［J］. 长沙铁道学院学报,2000,18(4)：92-96.

［24］马一太,魏东,王景刚. 国内外自然工质研究现状与发展趋势［J］. 暖通空调,2003,33(1)：41-46.

［25］Pettersen J. Comparison of explosion energies in residential air-conditioning system based on HCFC-22 and CO_2［C］. Proceeding of 20th International Congress of Refrigeration (IIR),1999,Sydney,Australia.

［26］Nekså P. CO_2 as refrigerant for systems in transcritical operation principles and technology status：part one［C/OL］. AIRAH's 2004 Natural Refrigerants Conference, Sydney, Australia, July 28, 2004. http://www. airah. org. au/downloads/2004-09-02. pdf.

［27］Nekså P. CO_2 as refrigerant for systems in transcritical operation principles and technology status：part two［C/OL］. AIRAH's 2004 Natural Refrigerants Conference, Sydney, Australia, July 28, 2004. http://www. airah. org. au/downloads/2004-10-02. pdf.

［28］Neskå P. CO_2 heat pump system［J］. Int. J. Refrig. , 2002,25(4)：421-427.

［29］王如竹,丁国梁. 最新制冷空调［M］. 北京：科学出版社,2002.

［30］McEnaney R P, Boewe D E, Yin J M, et al. Experimental comparison of mobile A/C systems when operated with transcritical CO_2 versus conventional R134a［C］. Proceeding of the 1998 International Refrigeration Conference at Purdue, Indiana, USA, 1998.

［31］Brown J S, Yana-Motta S F, Domanski P A. Comparative analysis of an automotive air conditioning systems operating with CO_2 and R134a［J］. Int. J. Refrig. , 2002, 25 (1)：19-32.

［32］Hafner A, Nekså P. Global Environmental consequences of introducing R-744 (CO_2) mobile air conditioning［C］. Preliminary proceeding of 7th IIR Gustav Lorentzen Conference on Natural Working Fluids, Trondheim, Norway, 2006.

［33］Niu Y, Chen J, Chen Z, et al. Construction and testing of a wet-compression absorption carbon dioxide refrigeration system for vehicle air conditioner［J］. Applied Thermal Engineering, 2006, 27(1)：31-36.

［34］Chen Y, Lundqvist P. Carbon dioxide cooling and power combined cycle for mobile applications［C］. Preliminary proceeding of 7th IIR Gustav Lorentzen Conference on Natural Working Fluids,Trondheim,Norway, 2006.

［35］黄冬平,丁国良,张春路. 二氧化碳汽车空调器变工况性能分析［J］. 流体机械,2000,28(10)：51-54.

［36］丁国良,黄冬平,张春路. 跨临界二氧化碳汽车空调稳态仿真［J］. 工程热物理学报,

2001,22(3):272-274.

[37] 丁国良,黄冬平,张春路. 跨临界二氧化碳汽车空调特性分析[J]. 制冷学报,2001,22 (3):17-23.

[38] 梁贞潜,丁国良,张春路,等. 二氧化碳汽车空调器仿真与优化[J]. 上海交通大学学报, 2002,36(10):1396-1400.

[39] 陈江平,穆景阳,刘军朴,等. 二氧化碳跨临界汽车空调系统开发[J]. 制冷学报,2002, 23(3):14-17.

[40] 刘洪胜,金纪峰,陈江平,等. 自然工质二氧化碳汽车空调性能的实验研究[J]. 上海交 通大学学报,2006,40(8):1407-1411+1416.

[41] 杨涛,陈江平,陈芝久. 跨临界二氧化碳汽车空调系统的动态仿真与实验研究[J]. 上海 交通大学学报,2006,40(8):1365-1368.

[42] 黄冬平. 跨临界二氧化碳制冷系统特性分析[D]. 上海:上海交通大学,2000.

[43] 穆景阳. 跨临界二氧化碳汽车空调制冷系统特性研究[D]. 上海:上海交通大学,2003.

[44] 刘军朴. 跨临界二氧化碳汽车空调系统节流机构特性及相关优化研究[D]. 上海:上海 交通大学,2003.

[45] Nesкå P, Rekstad H, Reza G, et al. CO_2-heat pump water heater: characteristics, system, design and experimental results[J]. Int. J. Refrig. , 1998, 21(3): 172-179.

[46] Saikawa M, Hashimoto K, Kobayakawa T, et al. Development of Prototype of CO_2 heat pump water heater for residential use[C]. Proceeding of 4th IIR Gustav Lorentzen Conference on Natural Working Fluids at Purdue, Indiana, USA, 2000: 51-57.

[47] Mukaiyama H, Kuwabara O, Izaki K, et al. Experimental results and evaluation of residential CO_2 heat pump water heater[C]. Proceeding of 4th IIR Gustav Lorentzen Conference on Natural Working Fluids at Purdue, Indiana, USA, 2000:67-73.

[48] Endoh K, Kouno T, Gommori M, et al. Instant Hot-water supply heat-pump water heater using CO_2 refrigerant for home use[C]. Preliminary proceeding of 7th IIR Gustav Lorentzen Conference on Natural Working Fluids, Trondheim, Norway, 2006.

[49] Kern R, Hargreaves J B, Wang J F, et al. Performance of a prototype heat pump water heater using carbon dioxide as the refrigerant in a transcritical cycle[C]. Preliminary proceeding of 7th IIR Gustav Lorentzen Conference on Natural Working Fluids, Trondheim, Norway, 2006.

[50] Zakeri G R, Nesкå P, Rekstad H, et al. Results and experiences with the first commercial pilot plant CO_2 heat pump water heater[C]. Proceeding of 4th IIR Gustav Lorentzen Conference on Natural Working Fluids at Purdue, Indiana, USA, 2000: 59-65.

[51] Huff H, Sienel T. Commercial sized CO_2 heat pump water heater North American field trial experience[C]. Preliminary proceeding of 7th IIR Gustav Lorentzen Conference on Natural Working Fluids, Trondheim, Norway, 2006.

［52］ Cecchinato L，Corradi M，Fornasieri E，et al. Carbon dioxide as refrigerant for tap water heat pumps: a comparison with the traditional solution[J]. Int. J. Refrig. , 2005, 28(8): 1250-1258.

［53］ Yokoyama R，Shimizu T，Ito K，et al. Influence of ambient temperatures on performance of a CO_2 heat pump water heating system[J]. Energy, 2004, 32(4): 388-398.

［54］ 王侃宏,王景刚,侯立泉. CO_2跨临界水—水热泵循环系统的实验研究[J]. 暖通空调, 2001,31(3):1-4.

［55］ 洪芳军. CO_2跨临界循环水—水热泵的理论与实验研究[D]. 天津:天津大学,2001.

［56］ 王侃宏. CO_2跨临界循环的理论分析与实验研究[D]. 天津:天津大学,2000.

［57］ 马一太,李敏霞,苏维诚,等. CO_2跨临界热泵双级加热热水系统运行参数与比较[J]. 天津大学学报,2003,36(4):447-451.

［58］ 马一太,李敏霞,王景刚. CO_2跨临界水—水热泵供热系统应用理论探讨[J]. 暖通空调, 2004,34(7):11-14,18.

［59］ 乔丽. 二氧化碳跨临界循环在热泵热水机组的应用研究[D]. 西安:西安建筑科技大学,2006.

［60］ White S D, Cleland D J, Cotter S D, et al. A heat pump for simultaneous refrigeration and water heating[J]. IPENZ Trans. , 1997, 24(1): 36-43.

［61］ Adriansyah W. Combined air conditioning and tap water heating plant using CO_2 as refrigerant[J]. Energy and Buildings, 2004,36(7): 690-695.

［62］ Adriansyah W, Purwanto T S, Suwono A. Improvement of prototype of CO_2 combined air conditioning and tap water heating plant[C]. Preliminary proceeding of 7th IIR Gustav Lorentzen Conference on Natural Working Fluids, Trondheim, Norway, 2006.

［63］ Stene J. Residential CO_2 heat pump system for combined space heating and hot water heating[J]. Int. J. Refrig. , 2005, 28(8): 1259-1265.

［64］ Richter M R, Song S M, Yin J M, et al. Experimental results of transcritical CO_2 heat pump for residential application[J]. Energy, 2003, 28(10):1005-1019.

［65］ Richter M R, Song S M, Yin J M, et al. Transcritical CO_2 heat pump for residential application[C]. Proceeding of 4th IIR-Gustav Lorentzen Conference on Natural Working Fluid at Purdue, Indiana, USA, 2000: 9-17.

［66］ Agrawal N, Bhattacharyya S. Studies on a two-stage transcritical carbon dioxide heat pump cycle with flash intercooling[J]. Applied Thermal Engineering, 2007, 27(2-3): 299-305.

［67］ Kuwabara O, Kobayashi M, Mukaiyama H, et al. Performance evaluation of CO_2 heat pump heating system[C]. Preliminary proceeding of 7th IIR Gustav Lorentzen Conference on Natural Working Fluids, Trondheim, Norway, 2006.

［68］ Pearson A B. District heating systems with CO_2 as refrigerant[C]. Preliminary proceeding of 7th IIR Gustav Lorentzen Conference on Natural Working Fluids, Trondheim, Norway, 2006.

[69] Schmit E L, Klöcker K, Flacke N, et al. Appliying the transcritical CO_2 process to a drying heat pump[J]. Int. J. Refrig. , 1998, 21(3): 202-211.

[70] Klöcker K, Schmidt E L, Steimle F. Carbon dioxide as a working fluid in drying heat pumps[J]. Int. J. Refrig. , 2001, 24(1):100-107.

[71] Honma M, Tamura T, Yakumaru Y, et al. Experimental study on compact heat pump system for drying using CO_2 as a refrigerant[C]. Preliminary proceeding of 7th IIR Gustav Lorentzen Conference on Natural Working Fluids, Trondheim, Norway, 2006.

[72] 文键. 二氧化碳热泵干燥系统的研究[D]. 西安:西安交通大学,2002.

[73] 李敏霞,马一太,芦苇. CO_2 跨临界循环特性对热泵干燥系统的影响[J]. 化学工程, 2004,32(3):1-5.

[74] Pettersen J, Jakobsen A. A dry ice slurry system for low temperature refrigeration [C]. International Symposium on Refrigeration in Sea Transport Today and in the Future, Gdansk, Poland, 1994.

[75] 日本前川公司开发 CO_2-NH_3 低温复叠机组[J]. 制冷技术,2003(2):46.

[76] Kim S G, Kim M S. Experiment and simulation on the performance of an autocascade refrigeration system using carbon dioxide as a refrigerant[J]. Int. J. Refrig. , 2005, 25 (8): 1093-1101.

[77] Bhattacharyya S, Mukhopadhyay S, Kuma A, et al. Optimization of a CO_2-C_3H_8 cascade system for refrigeration and heating[J]. Int. J. Refrig. , 2005, 28(8): 1284-1292.

[78] Lee T S, Liu C H, Chen T W. Thermodynamic analysis of optimal condensing temperature of cascade-condenser in CO_2/NH_3 cascade refrigeration systems[J]. Int. J. Refirg. , 2006, 29(7): 1100-1108.

[79] Sawalha S, Soleimanik A, Rogstam J. Experimental and theoretical evaluation of NH_3/CO_2 cascade system for supermarket refrigeration in a laboratory environment [C]. Preliminary proceeding of 7th IIR Gustav Lorentzen Conference on Natural Working Fluids, Trondheim, Norway, 2006.

[80] 顾兆林,刘红娟,李云. NH_3/CO_2 低温制冷系统研究[J]. 西安交通大学学报,2002, 36(5):536-540.

[81] 查世彤,马一太,王景刚,等. CO_2-NH_3 低温复叠式制冷循环的热力学分析与比较[J]. 制冷学报,2002,23(2):15-19.

[82] 芦苇,马一太,王志国,等. 低温级以 CO_2 为工质的复叠式制冷循环热力学分析[J]. 天津大学学报,2004,37(3):245-248.

[83] Nekså P, Girotto S. CO_2 as refrigerant within commercial refrigeration, theoretical considerations and experimental results[C]. Proceeding of 5th IIR Gustav Lorentzen Conference on Natural Working Fluids, Guangzhou, China, 2002.

[84] Girotto S, Minetto S, Nekså P. Commercial refrigeration system using CO_2 as the refrigerant[J]. Int. J. Refrig. , 2004, 27(7): 717-723.

[85] Rohrer C. Transcritical CO_2 bottle cooler development[C]. Preliminary proceeding of

7th IIR Gustav Lorentzen Conference on Natural Working Fluids, Trondheim, Norway, 2006.

[86] Cecchinato L, Corradi M, Fornasieri E, et al. Development of a transcritical R744 bottle cooler[C]. Preliminary proceeding of 7th IIR Gustav Lorentzen Conference on Natural Working Fluids, Trondheim, Norway, 2006.

[87] Jacob B, Azar A, Neskå P. Performance of CO_2-refrigeration (R744) in commercial cold drink equipment[C]. Preliminary proceeding of 7th IIR Gustav Lorentzen Conference on Natural Working Fluids, Trondheim, Norway, 2006.

[88] Kauf F. Determination of the optimum high pressure for transcritical CO_2-refrigeration cycles[J]. Int. J. Therm. Sci. , 1999, 38(4): 325-330.

[89] Liao S M, Zhao T S, Jakobsen A. A correlation of optimal heat rejection pressures in transcritical carbon dioxide cycles[J]. Applied Thermal Engineering, 2000, 20(9): 831-841.

[90] Cavallini A, Cecchinato L, Corradi M, et al. Two-stage transcritical carbon dioxide cycle optimizations: A theoretical and experimental analysis[J]. Int. J. Refrig. , 2005, 28(8): 1274-1283.

[91] Agrawal N, Bhattacharyya S, Sarkar J. Optimization of two-stage transcritical carbon dioxide heat pump cycles[J]. J. Therm. Sci. , 2007, 46(2): 180-187.

[92] Ma Y T, Yang J L, Guan H Q, et al. Configuration consideration for expander in transcritical carbon dioxide two-stage compression cycle[J]. Transaction of Tianjin University, 2005,11(1): 53-58.

[93] Yang J L, Ma Y T, Liu S C. Performance investigation of transcritical carbon dioxide two-stage compression cycle with expander[J]. Energy, 2007, 32(3): 237-245.

[94] Sarkar J, Bhattacharyya S, Ram Gopal M. Optimization of a transcritical CO_2 heat pump cycle for simultaneous cooling and heating applications[J]. Int. J. Refrig. , 2004, 27(8): 830-838.

[95] Robinson D M, Groll E A. Theoretical performance comparison of CO_2 transcritical cycle technology versus HCFC-22 technology for a military package air conditioner application[C]. Int. J. of HVAC & R. Research, 2000, 6(4): 325-348.

[96] White S D, Yarral M G, Cleland D J, et al. Modeling the performance of a transcritical CO_2 heat pump for high temperature heating[J]. Int. J. Refrig. , 2002, 25(4): 479-486.

[97] Sarkar J, Bhattacharyya S, Ram Gopal M. Simulation of a transcritical CO_2 heat pump cycle for simultaneous cooling and heating applications[J]. Int. J. Refrig. , 2006, 29(5): 735-743.

[98] Rigola J, Raush G, Pérez-Segarra C D, et al. Numerical simulation and experimental validation of vapour compression refrigeration systems. Special emphasis on CO_2 trans-critical cycles[J]. Int. J. Refrig. , 2005, 28(8): 1225-1237.

[99] Rajan J K, Bullard C W. System simulation of residential simultaneous space condi-

tioning and water heating using CO_2 [C]. Preliminary proceeding of 7th IIR Gustav Lorentzen Conference on Natural Working Fluids, Trondheim, Norway, 2006.

[100] 刘洪胜,杨涛,陈江平,等. 跨临界二氧化碳制冷系统动态性能仿真研究[J]. 工程热物理学报,2006,27(Suppl. 2):69-72.

[101] Yang J L, Ma Y T, Li M X, et al. Exergy analysis of transcritical carbon dioxide refrigeration cycle with an expander[J]. Energy, 2005, 30(7): 1162-1175.

[102] Sarkar J, Bhattacharyya S, Ram Gopal M. Transcritical CO_2 heat pump systems: exergy analysis including heat transfer and fluid flow effects[J]. Energy Conversion and Management, 2005, 46(13-14): 2053-2067.

[103] Guan H Q, Ma Y T, Yang J L, et al. Thermodynamic comparison analysis on CO_2 transcritical reverse cycle with IHX or expander[J]. Transaction of Tianjin University, 2005, 11(2): 110-114.

[104] Nickl J, Will G, Kraus W E, et al. Third generation CO_2 expander[C]. 21st IIR International Congress of Refrigeration, Washington, DC USA, 2003, ICR0571.

[105] Heyl P, Quack H. Free piston expander-compressor for CO_2 - design, applications and results[R/OL]. http://tu-dresden. de/die_tu_dresden/fakultaeten/fakultaet_maschinenwesen/iet/kkt/veroeffen- tlichungen/sydney. pdf.

[106] Nickl J, Will G, Kraus W E, et al. Design considerations for a second generation CO_2-expander[C]. Preliminary Proceeding of 5th Gustav Lorentzen Conference on Natural Working Fliuds at Guangzhou, Guangzhou, China, 2002.

[107] Quack H, Kraus W E, Nickl J, et al. Integration of a three-stage expander into a CO_2 refrigeration system[C]. Proceeding of 6th Gustav-Lorentzen Conference on Natural Working Fluids, Glasgow, UK, 2004.

[108] Nickl J, Will G, Quack H, et al. Integration of a three-stage expander into a CO_2 refrigeration system[J.] Int. J. Refrig. , 2005, 28(8): 1219-1224

[109] Riha J, Nickl J, Quack H. Integration of expander/compressor into a supermarket CO_2 cooling system[C]. Preliminary proceeding of 7th IIR Gustav Lorentzen Conference on Natural Working Fluids, Trondheim, Norway, 2006.

[110] Li D, Baek J S, Groll E A, et al. Thermodynamic analysis of vortex tube and work output expansion device for the transcritical carbon dioxide cycle[C]. Proceeding of 4th IIR-Gustav Lorentzen Conference on Natural Working Fluid at Purdue, 2000: 433-440.

[111] Beak J S, Groll E A, Lawless P B. Development of a piston-cylinder expansion device for the transcritical carbon dioxide cycle[C]. Proceeding of the 9th International Refrigeration and Air Conditioning Conference at Purdue, 2002, R11-8.

[112] Baek J S. Development of a work producing expansion device for a transcritical carbon dioxide cycle[D]. UAS: Purdue University, 2002.

[113] Baek J S, Groll E A, Lawless P B. Piston-cylinder work producing expansion device in a transcritical carbon dioxide cycle. Part Ⅰ: experimental investigation[J]. Int. J.

Refrig. ，2005，28(2)：141-151.

[114] Baek J S, Groll E A, Lawless P B. Piston-cylinder work producing expansion device in a transcritical carbon dioxide cycle. Part Ⅱ：theoretical model[J]. Int. J. Refrig. ，2005，28(2)：152-164.

[115] Preissner M. Carbon dioxide vapor compression cycle improvements with focus on scroll expanders[D]. USA：University of Maryland，2001.

[116] Huff H J, Radermacher R. Experimental investigation of a scroll expander in a carbon dioxide air-conditioning system[C]. 21st IIR International Congress of Refrigeration，Washington，DC USA，2003，ICR0485.

[117] Huff H J. Integrated compressor-expander devices for carbon dioxide vapor compression cycles[D]. USA：University of Maryland，2003.

[118] Huff H J, Radermacher R. CO_2 compressor-expander analysis final report[R/OL]. ARTI-21CR/611-10060-01(2003)，http://arti-research. org/research/completed/finalreports/10060-final. pdf.

[119] Westphalen D, Dieckmann J. Scroll expander for carbon dioxide air conditioning cycles[C]. Proceeding of 10th International Refrigeration and Air conditioning Conference at Purdue，2004，R023.

[120] 魏东. 二氧化碳跨临界循环换热与膨胀机理的研究[D]. 天津：天津大学，2002.

[121] 查世彤. 二氧化碳跨临界膨胀机的研究与开发[D]. 天津：天津大学，2002.

[122] 李敏霞. 二氧化碳跨临界循环转子式膨胀机的分析与实验研究[D]. 天津：天津大学，2003.

[123] 马一太，李敏霞，李丽新，等. CO_2跨临界膨胀机的开发与实验研究[J]. 制冷学报，2003，24(4)：5-9.

[124] 马一太，邢英丽，查世彤，等. CO_2跨临界循环膨胀机回收功的实验研究[J]. 流体机械，2003，31(12)：1-3,33.

[125] Zha S T, Ma Y T, Sun X. The development of CO_2 expander in CO_2 transcritical cycles[C]. 21st IIR International Congress of Refrigeration，Washington，DC USA，2003，ICR0089.

[126] 查世彤，马一太，李丽新，等. CO_2跨临界循环中膨胀过程的对比与分析[J]. 工程热物理学报，2003，24(4)：546-549.

[127] 李敏霞，马一太，苏维诚，等. 跨临界二氧化碳压缩膨胀机的研究[J]. 机械工程学报，2005，41(10)：153-158.

[128] 李敏霞，马一太，李丽新，等. 二氧化碳摆动转子膨胀机的受力分析[J]. 天津大学学报，2006，39(1)：96-99.

[129] 李敏霞，马一太，管海清，等. CO_2跨临界循环新型滚动活塞膨胀机的研究与比较[J]. 工程热物理学报，2005，26(5)：746-746.

[130] 李敏霞，马一太，苏维诚. CO_2滚动活塞转子膨胀机样机的研制[J]. 工程热物理学报，2006，27(6)：914-916.

[131] 李敏霞，马一太，苏维诚，等. CO_2跨临界循环滚动活塞膨胀机的研究与开发——试验

测试部分[J]. 天津大学学报,2004,37(9):778-785.

[132] Guan H Q, Ma Y T, Li M X. Some design features of CO_2 swing piston expander [J]. Applied Thermal Engineering, 2006, 26(2-3): 237-243.

[133] 管海清. CO_2 跨临界循环膨胀机理与转子式膨胀机—压缩机研究[D]. 天津:天津大学,2005.

[134] Stosic N, Smith I K, Kovacevic A. A twin screw combined compressor and expander for CO_2 refrigeration systems[C]. Proceeding of 16th International compressor engineering Conference at Purdue, 2002, C21-2.

[135] Fukuta M, Yanagisawa T, Radermacher R. Performance prediction of vane type expander for CO_2 cycle[C]. 21st IIR International Congress of Refrigeration, Washington, DC USA, 2003, ICR0251

[136] Fukuta M, Yanagisawa T, Nakaya S, et al. Performance and characteristics of compressor/expander combination for CO_2 cycle[C]. Preliminary proceeding of 7th IIR Gustav Lorentzen Conference on Natural Working Fluids, Trondheim, Norway, 2006.

[137] Yang B C, Zeng H S, Guo B. Development of rotary vane expander for CO_2 transcritical refrigeration cycle[C]. Preliminary proceeding of 7th IIR Gustav Lorentzen Conference on Natural Working Fluids, Trondheim, Norway, 2006.

[138] Ronald W. Applications for the hinge-vane positive displacement compressor-expander[R/OL]. http://www. darnay. co. uk/dtl/pdf/compressor. pdf.

[139] Li D Q, Groll E A. Transcritical CO_2 refrigeration cycle with ejector-expansion device[J]. Int. J. Refrig. , 2005, 28(5):766-773.

[140] Li D Q, Groll E A. Analysis of an ejector expansion device in a transcritical CO_2 air conditioning system[C]. Preliminary proceeding of 7th IIR Gustav Lorentzen Conference on Natural Working Fluids, Trondheim, Norway, 2006.

[141] Jeong J, Saito K, Kawai S, et al. Efficiency enhancement of vapor compression refrigerator using natural working fluids with tow-phase flow ejector[C]. Proceeding of 6th Gustav-Lorentzen Conference on Natural Working Fluids, Glasgow, UK, 2004.

[142] Deng J Q, Jiang P X, Lu T, et al. Particular characteristics of transcritical CO_2 refrigeration cycle with an ejector[J]. Applied Thermal Engineering, 2007, 27(2-3): 381-388.

[143] 马一太,管海清,杨俊兰,等. CO_2 双蒸发器压缩/喷射式跨临界制冷循环[J]. 太阳能学报,2006,27(1):73-77.

[144] 李涛,孙民,李强,等. 利用喷射提高跨临界二氧化碳系统的性能[J]. 西安交通大学学报,2006,40(5):553-557.

[145] 邓建强,姜培学,卢涛,等. 跨临界 CO_2 蒸气压缩/喷射制冷循环理论分析[J]. 清华大学学报,2006,46(5):670-673.

[146] 邓建强,姜培学,卢涛,等. 跨临界二氧化碳蒸气压缩/喷射制冷循环比较[J]. 工程热

物理学报,2006,27(3):382-384.

[147] 刘军朴,陈江平,陈芝久.跨临界二氧化碳蒸气压缩/喷射制冷循环[J].上海交通大学学报,2004,38(2):273-275.

[148] TØndell E. Impulse expander for CO_2[C]. Preliminary proceeding of 7th IIR Gustav Lorentzen Conference on Natural Working Fluids, Trondheim, Norway, 2006.

[149] Baek J S, Groll E A, Lawless P B. Effect of pressure ratios across compressors on the performance of the transcritical carbon dioxide cycle with two-stage compression and intercooling[C]. Proceeding of the 9th International Refrigeration and Air Conditioning Conference at Purdue, 2002, R11-7.

[150] Hubacher B, Groll E A. Measurement of performance of carbon dioxide compressors final report[R/OL]. ARTI-21CR/611-10070-01 (2002), http://www. arti-21cr. org/research/completed /finalreports /10070-final. pdf.

[151] 杨世铭.传热学[M].第二版.北京:高等教育出版社,1987.

[152] 朱明善.能量系统的分析[M].北京:清华大学出版社,1988.

[153] Celik A. Performance of two-stage CO_2 refrigeration cycles[D]. UAS: University of Maryland, 2004.

[154] Elbel S, Hrnjak P. Flash gas bypass for improving the performance of transcritical R744 systems the use microchannel evaporators[J]. Int. J. Refrig. , 2004, 27(7): 724-735.

[155] 李敏霞,李丽新,苏维诚,等.二氧化碳跨临界循环带膨胀机热泵系统的实验研究[J].工程热物理学报,2004,25(6):929-931.

[156] 曲天非,王如竹,张早校,等.改进二氧化碳制冷循环性能的理论分析[J].流体机械,1999,27(9):43-45.

[157] 黄冬平,丁国良,张春路.不同跨临界二氧化碳制冷循环的性能比较[J].上海交通大学学报,2003,37(7):1094-1097.

[158] 管海清,马一太,李敏霞,等. CO_2 跨临界循环热力学对比分析[J].流体机械,2004,32(6):39-42.

[159] René R, Mario G, Hermann H. Control of CO_2 heat pumps[C]. Proceeding of 4th IIR Gustav Lorentzen Conference on Natural Working Fluids at Purdue, Indiana, USA, 2000:75-82.

[160] 丁国良,黄东平.二氧化碳制冷技术[M].北京:化学工业出版社,2007.

[161] Kim M H, Pettersen J, Bullard C W. Fundamental Process and system design issues in CO_2 vapor compression systems[J]. Progress in Energy and Combustion Science, 2004, 30(2):117-174.

[162] 郁永章,孙嗣莹,陈洪俊.容积式压缩机技术手册[M].北京:机械工业出版社,2000.

[163] 朱圣东,邓建,吴家声.无油润滑压缩机[M].北京:机械工业出版社,2001.

[164] 丑一鸣.活塞膨胀机[M].北京:机械工业出版社,1990.

[165] Khalifa H E, Liu X. Analysis of stiction effect on the dynamics of compressor suction valve[C]. Proceeding of the 1998 International Compressor Engineering Confer-

ence at Purdue, 1998:87-92.

[166] 吴业正. 往复式压缩机数学模型及应用[M]. 西安:西安交通大学出版社,1989.

[167] Sun S Y, Ren T R. New method of thermodynamic computation for a reciprocating compressor: computer simulation of working process[J]. Int. J. Mech. Sci. , 1995, 37(4):343-353.

[168] 顾兆林,郁永章,冯诗愚. 涡旋压缩机及其他涡旋机械[M]. 西安:陕西科学技术出版社,1998.

[169] 王宝龙,石文星,李先庭. 制冷空调用涡旋压缩机数学模型[J]. 清华大学学报,2005, 45(6):726-729.

[170] Adair R P, Qvale E B, Pearson J T. Instantaneous heat transfer to the cylinder wall on reciprocating compressor[C]. Proceedings of the 1972 Purdue Compressor Technology Conference, Indiana, USA, 1972.

[171] Annand W J D. Heat transfer in the cylinder of reciprocating internal combustion engines[C]. Proc. Instn. Mech. Engrs. , 1963.

[172] Liu R, Zhou Z. Heat transfer between gas and cylinder wall of refrigerating compressor[C]. Proceedings of the 1984 International Compressor Engineering Conference, Indiana, USA, 1984.

[173] Todescat M L,Fagotti F, Ferreira R T S, et al. Heat transfer model in compressor cylinder[C]. Pro. XII Brazilian Cong. Of Mech. Engng. , 1993.

[174] Fagotti F, Todescat M L. Heat transfer modeling in a reciprocating compressor[C]. Proceeding of the 1994 International Compressor Engineering Conference at Purdue, Indiana, USA, 1994.